Mon année

Les fiches Maths

Yann Gélébart (texte et vidéos)
Certifié de mathématiques

Et en +
ton livre sur mobile

1. Flashe ce code ou va sur **www.editions-bordas.fr/revisions-mobile.html**
2. Réponds à la question posée et crée ton compte.
3. Tu reçois un mail pour télécharger ton appli.
4. Ouvre l'appli, ça y est, ton livre est sur ton mobile !

bordas

▶ Vidéo Ce logo placé en haut des fiches et sur le sommaire vous indique qu'une vidéo de professeur ou un schéma animé vous est proposé dans la version numérique gratuite de ce titre.
Reportez-vous au début de l'ouvrage pour connaître les modalités de téléchargement.

Édition : Nathalie Legros
Création maquette : Josiane Sayaphoum
Mise en pages : Ma petite FaB – Laurent Grolleau

 – ISBN 978-2-04-735944-0

N° projet : 10270002
Dépôt légal : mars 2021
Imprimé en France
par CLERC en mars 2021

SOMMAIRE

L'épreuve de mathématiques au Brevet

■ À revoir
■ OK

1

1 LA DURÉE

- L'épreuve de mathématiques dure 2 heures.
- La répartition du temps de travail pendant cette épreuve ne dépendant que de vous, il ne faut donc pas consacrer un temps déraisonnable à traiter un exercice au détriment des autres.

2 LE SUJET

Le sujet est constitué d'exercices indépendants les uns des autres que vous pouvez traiter dans l'ordre qui vous convient, et qui portent sur différentes parties du programme du cycle 4 (5e, 4e et 3e).

Certains de ces exercices ont pour objet des tâches non guidées qui exigent de votre part une prise d'initiative. D'autres peuvent prendre la forme de questionnaires à choix multiple ou consister à justifier un résultat mathématique.

Un exercice d'algorithmique ou de programmation fait obligatoirement partie du sujet de l'épreuve de mathématiques.

3 LES COMPÉTENCES

L'épreuve de mathématiques évalue votre capacité à mettre en œuvre les compétences suivantes du socle commun : « chercher », « modéliser », « représenter », « raisonner », « calculer » et « communiquer ».

4 LA NOTATION

- L'épreuve de mathématiques est notée sur 100 points.

La notation de chaque exercice étant précisée sur le sujet.

- La présentation de la copie et l'utilisation de la langue française en cultivant précision, richesse de vocabulaire et syntaxe pour rendre compte des observations, expériences, hypothèses, conclusions sont notées à part.

Il n'est pas toujours nécessaire d'avoir la réponse exacte à une question pour y gagner des points. Les idées pertinentes, les essais, les démarches positives, les solutions incomplètes ou maladroitement formulées sont valorisées lors de la correction. Vous êtes donc encouragé à tenter de répondre aux questions plutôt que d'y renoncer.

5 LES TÂCHES NON GUIDÉES

- La difficulté des tâches non guidées réside dans la mobilisation de diverses compétences pour résoudre l'exercice.

Cependant, la notation prenant en compte toutes les démarches positives (essais, idées pertinentes, solutions incomplètes...), vous êtes encouragé à vous engager dans la résolution de l'exercice même si vous n'avez pas la solution exacte.

- Pour cela, il ne faut pas hésiter à construire des figures, réaliser des schémas, conduire des calculs... qui permettent de progresser vers la solution.

6 LES QUESTIONNAIRES À CHOIX MULTIPLE

- Il n'est pas attribué de points négatifs pour les réponses fausses lors des questionnaires à choix multiple. Il est donc toujours utile de répondre, même au hasard !
- Deux stratégies efficaces peuvent être envisagées, les deux pouvant être mélangées : connaître la bonne proposition ou éliminer les mauvaises.

Éliminer des propositions fausses peut vous permettre de trouver la bonne. Le cas échéant, si vous n'avez pas éliminé suffisamment de propositions fausses, vous limitez tout de même le risque de vous tromper en répondant au hasard.

Quand vous connaissez la bonne proposition, il est tout de même utile d'adopter la stratégie précédente pour vous assurer de ne pas vous être trompé.

7 LA PRÉSENTATION DE LA COPIE

- La copie doit être propre et soignée. En effet, il est utile d'écrire lisiblement, de souligner les numéros des exercices, les conclusions de chaque question ainsi que les résultats importants.
- Les figures et autres tracés doivent être réalisés avec soin. Vous pourrez en particulier veiller à tailler votre crayon papier si vous l'utilisez.

Algorithme et programme

☐ À revoir
☐ OK

2

COURS

- Un algorithme est une suite finie d'instructions à appliquer dans un ordre déterminé afin de donner, en un nombre fini d'étapes, une réponse à un problème

Exemple : Une recette de gâteau au chocolat est un algorithme : on dispose d'ingrédients auxquels on applique la suite d'instructions donnée par la recette pour les mélanger et les cuire afin d'obtenir le gâteau au chocolat.

- Un programme est une traduction d'un algorithme dans un langage compréhensible par un logiciel.

EXERCICE RÉSOLU 1

Énoncé

Écrire un algorithme permettant de faire du pain perdu en organisant dans le bon ordre les instructions suivantes.

1. Battre les œufs avec le sucre en poudre et le sucre vanillé.
2. Se régaler !
3. Acheter du lait, des œufs, du sucre en poudre et du sucre vanillé.
4. Mélanger le lait.
5. Faire chauffer du beurre dans une poêle.
6. Couper 6 tranches de pain sec d'environ 1,5 cm d'épaisseur.
7. Faire tremper le pain.
8. Dorer les tranches de pain des deux côtés.

Résolution

Une organisation possible des instructions est : 3., 6., 1., 4., 7., 5., 8., 2.

À noter

D'autres organisations sont possibles mais certaines instructions nécessaires précèdent d'autres, comme l'achat des ingrédients par exemple. On peut par contre faire chauffer du beurre dans la poêle ou couper les tranches de pain plus tôt si on le souhaite.

EXERCICE RÉSOLU 2

Énoncé

À l'aide des instructions →, ↓, ↑ et ←, écrire un algorithme permettant à la bille de sortir du labyrinthe ci-dessous.

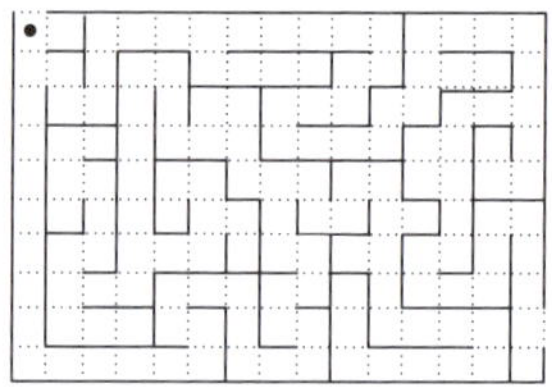

Résolution

L'algorithme le plus court est : ↓→↓→↑↑→→→→→→→→↓←↓←←↓→→→↑→↑↑→→→↓↓←←↓↓↓↓←↓→→↑↑→↓↓↓→

EXERCICE RÉSOLU 3

Énoncé

Quelle figure dessine le lutin du logiciel Scratch quand on exécute le programme ci-contre ?

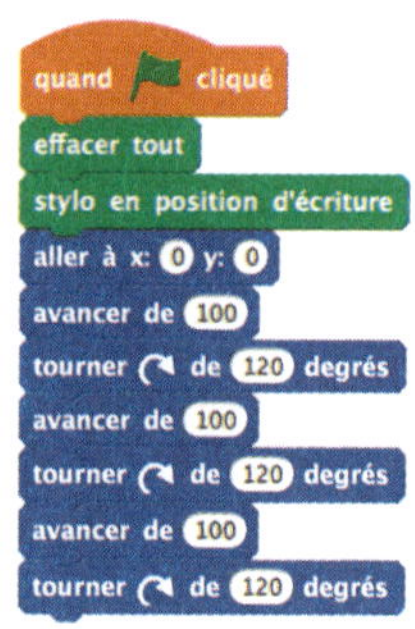

Résolution

Le lutin avance de 100 pixels puis tourne de 120 degrés vers la droite trois fois de suite. Il dessine donc un triangle équilatéral qui a 100 pixels de côté.

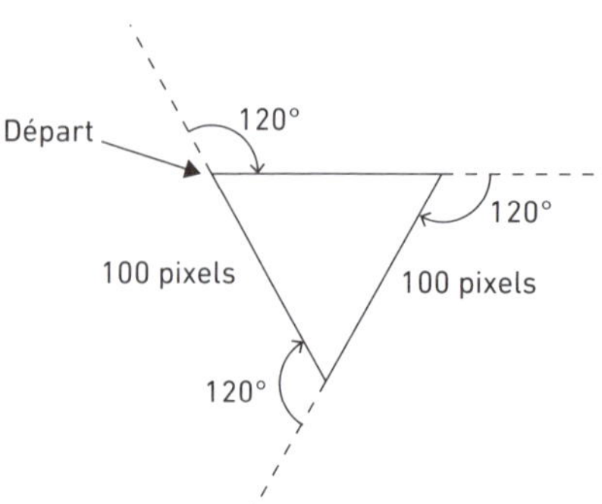

À noter

La direction que suit le lutin est celle de son regard.

Variable

☐ À revoir
☐ OK

3

COURS

- Dans un algorithme, une variable est une « boîte » dans laquelle on peut stocker un résultat qui peut être un nombre, un mot, une liste.. Elle est généralement repérée par un nom.

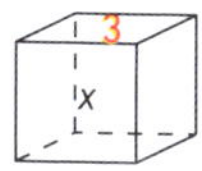

Exemple : Ci-contre, la variable x a la valeur 3.

Remarque : Dans un programme, cette variable est un emplacement de la mémoire d'un ordinateur.

EXERCICE RÉSOLU 1

Énoncé

Tom avait écrit un programme pour calculer une valeur approchée du volume d'un cylindre de révolution connaissant le rayon de sa base et sa hauteur mais ne parvient plus à remettre les instructions dans l'ordre. Aidez-le !

Résolution

On peut écrire le programme dans l'ordre suivant : 3., 1., 4., 5., 6., 7., 8., 2. ou 3., 5., 6., 1., 4., 7., 8., 2.

EXERCICE RÉSOLU 2

Énoncé

Le programme ci-après calcule et affiche le prix TTC* d'un produit quand on entre le prix HT* pour un taux de TVA* de 20 %. Cependant, les variables Prix HT, Taxes et Prix TTC, ainsi que le taux de TVA, n'ont pas été placés dans le programme.

Placer ces trois variables, dont l'une apparaît deux fois, ainsi que le taux de TVA dans les zones marquées d'un cercle rouge et d'un chiffre.

* TTC : toutes taxes comprises HT : hors taxes TVA : taxe de la valeur ajoutée

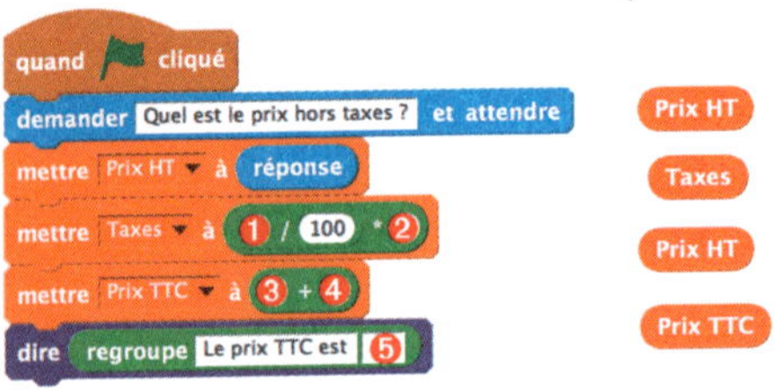

Résolution

Le taux de TVA de 20 % s'applique sur le prix HT et permet de calculer la TVA. C'est donc 20 qu'il faut écrire dans la zone ❶ et Prix HT dans la zone ❷.

Cette taxe s'ajoute ensuite au prix HT pour obtenir le prix TTC donc on écrit Prix HT dans la zone ❸ et Taxes dans la zone ❹ ou l'inverse. C'est ce prix TTC qui doit être affiché donc on écrit Prix TTC dans la zone ❺.

EXERCICE RÉSOLU 3

Énoncé

Pour convertir en degrés Fahrenheit une température donnée en degrés Celsius, il faut la multiplier par 1,8 puis ajouter 32. Écrire avec le logiciel Scratch un programme qui convertit et affiche en degrés Fahrenheit une température donnée en degrés Celsius.

Résolution

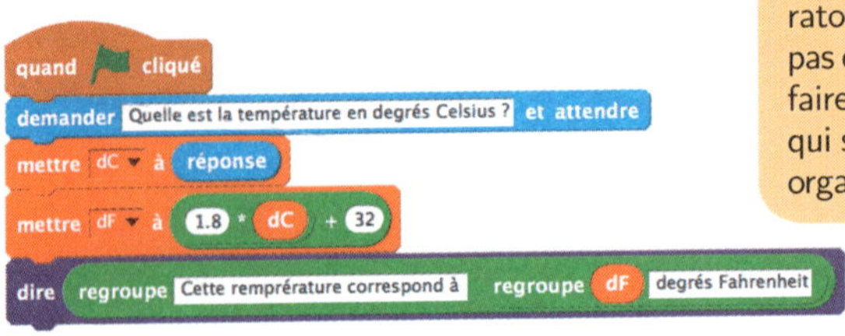

À noter

Attention aux priorités opératoires avec Scratch. Il n'y a pas de parenthèses donc il faut faire attention aux opérations qui sont prioritaires quand on organise le calcul.

Les instructions conditionnelles

☐ À revoir
☐ OK

4

COURS

- Dans un algorithme, les instructions conditionnelles « Si ... Alors ... Sinon » et « Si ... Alors ... » permettent d'effectuer des blocs d'instructions différents selon qu'une condition est vérifiée ou non.

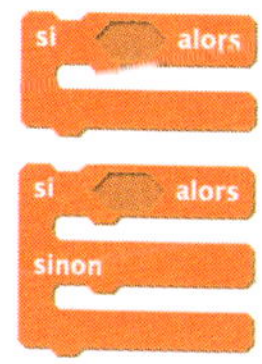

Exemple :

L'algorithme ci-dessous affiche si un entier est pair ou impair.

Si réponse modulo 2 = 0, c'est-à-dire si le reste de la division euclidienne par 2 du nombre saisi est égal à 0, le lutin va indiquer que le nombre est pair. Dans le cas contraire, il indiquera qu'il est impair.

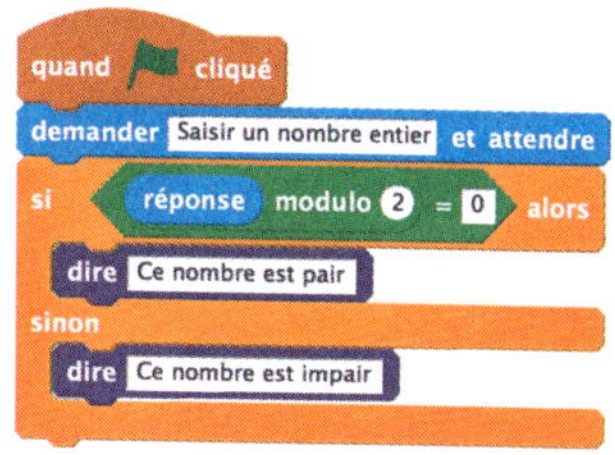

EXERCICE RÉSOLU 1

Énoncé

Compléter les zones blanches du programme ci-contre de façon à ce qu'il indique à l'utilisateur, quand il saisit son âge, s'il est majeur ou mineur.

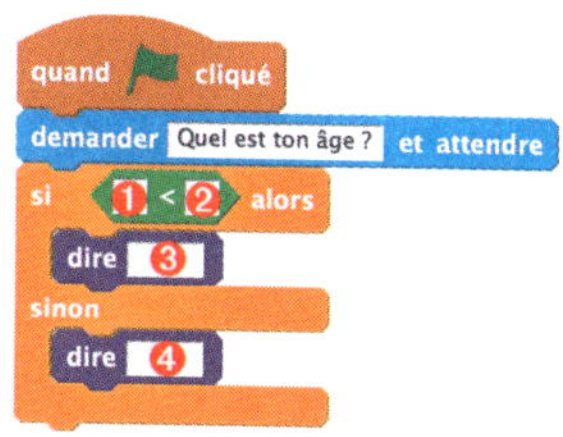

Résolution

Dans la zone 1, on écrit réponse.

Dans la zone 2, on écrit 18 puisque l'âge de la majorité est 18 ans.

Dans la zone 3, on écrit « Tu es mineur » et dans la zone 4, « Tu es majeur ».

EXERCICE RÉSOLU 2

Énoncé

Écrire un programme qui indique, parmi deux nombres saisis par l'utilisateur, celui qui est le plus grand.

Résolution

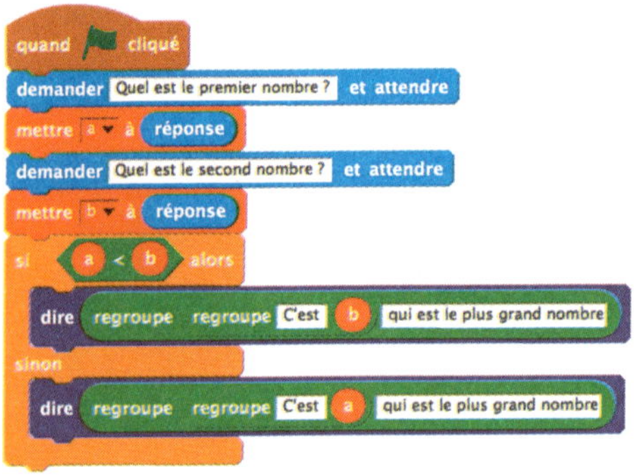

EXERCICE RÉSOLU 3

Énoncé

Le numéro de sécurité sociale, que l'on trouve sur la carte d'assurance maladie, est un code numérique permettant d'identifier de façon unique une personne. Il est constitué de 13 chiffres suivis d'une clé de contrôle de 2 chiffres. Cette clé permet de contrôler la saisie du numéro de sécurité sociale sur un ordinateur.

Elle est égale à 97 moins le reste de la division euclidienne par 97 du nombre formé par les 13 premiers chiffres.

Écrire un programme qui calcule cette clé de contrôle quand on entre les 13 premiers chiffres du numéro de sécurité sociale et la compare à celle de la carte afin d'indiquer si ce numéro a été bien saisi par l'utilisateur.

Résolution

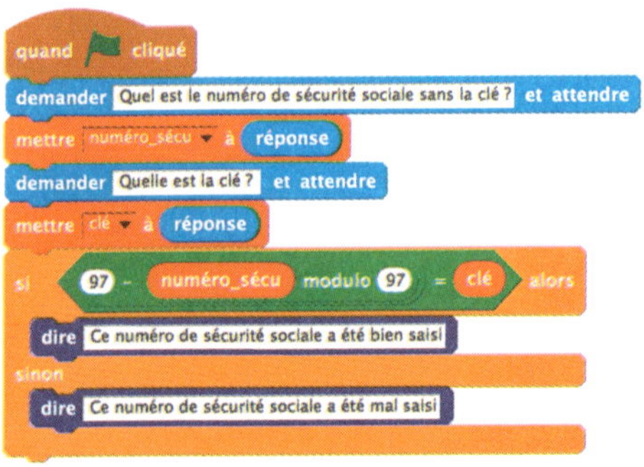

Les boucles

À revoir
OK

5

COURS

- Une boucle est l'exécution d'un même bloc d'instructions un certain nombre de fois. Les répétitions de ce même bloc d'instructions sont appelées des itérations.

- La boucle itérative « Répéter n fois » permet d'effectuer un même bloc d'instructions un nombre de fois fixé n.

- La boucle conditionnelle « Répéter jusqu'à » permet d'effectuer un même bloc d'instructions tant qu'une condition n'est pas vérifiée.

EXERCICE RÉSOLU 1

Énoncé

Quelle figure est tracée par le lutin de Scratch quand on exécute le programme ci-contre ?

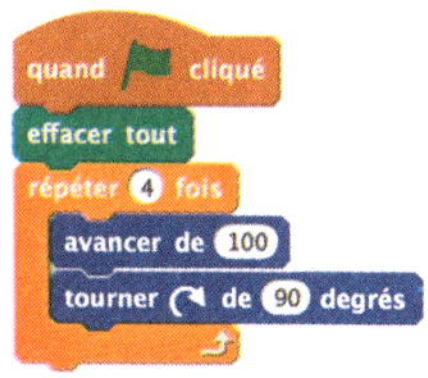

Résolution

La figure tracée par le lutin est un carré de côté 100 pixels.

EXERCICE RÉSOLU 2

Énoncé

1. En exécutant pas à pas ce programme, recopier et compléter le tableau ci-dessous permettant de suivre l'évolution des variables « Compteur » et « Nombre ».

compteur	0	1	...
nombre	0	...	

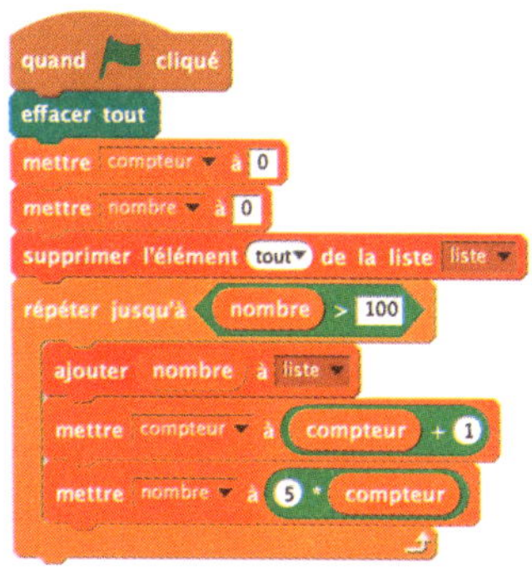

2. Que calcule ce programme en remplissant la variable « Liste » à chaque passage dans la boucle « Répéter jusqu'à » ?

Résolution

1.

compteur	0	1	2	3	4	5	6	7	8	9	...
nombre	0	5	10	15	20	25	30	35	40	45	...

2. Ce programme remplit la variable « Liste » avec tous les multiples de 5 inférieurs ou égaux à 100.

EXERCICE RÉSOLU 3

Énoncé

On considère le programme ci-contre.

1. Quelles sont les valeurs des variables « Compteur », « Longueur » et « Apparitions » obtenues à la sortie de ce programme si on écrit la phrase « C'est pas sorcier les maths » ?
2. Quel est le rôle de ce programme ?

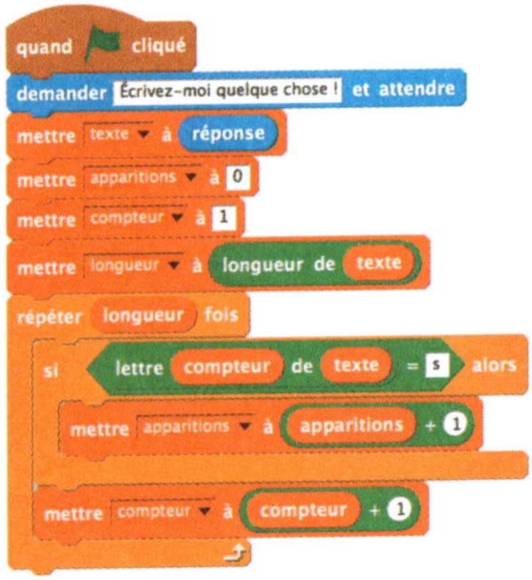

Résolution

1. À la sortie de ce programme, la variable « Longueur » est égale à 27. C'est la longueur du texte saisi par l'utilisateur. La variable « Compteur » est égale à 28 car il y a eu 27 passages dans la boucle « Répéter longueur fois » et on a donc ajouté 27 fois le nombre 1 à cette variable. La variable « Apparitions » est égale à 5.
2. Ce programme calcule le nombre de « s » qui figurent dans le texte saisi par l'utilisateur.

ALGORITHMIQUE ET PROGRAMMATION

1 Dans l'algorithme 1, la figure tracée par le lutin quand on clique sur le drapeau est :

☐ **a.** 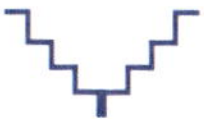 ☐ **b.**  ☐ **c.** 

2 Dans l'algorithme 1, le lutin tourne de 90° vers la gauche :

☐ **a.** 4 fois ☐ **b.** 8 fois ☐ **c.** 10 fois

3 Dans l'algorithme 2, si le nombre choisi est 5, le nombre dit par le lutin est :

☐ **a.** 8 ☐ **b.** 53 ☐ **c.** 15

4 Si on note x le nombre choisi au départ, le nombre obtenu à la fin de l'algorithme 2 est :

☐ **a.** x ☐ **b.** $4x + 3$
☐ **c.** $2x^2 + 3$

5 À la fin de l'algorithme 3, quelle que soit la valeur saisie pour la variable n, le lutin dit :

☐ **a.** le nombre saisi au départ
☐ **b.** 1 ☐ **c.** 4

6 Dans l'algorithme 3, si la valeur saisie pour la variable n est 3, la boucle « Répéter jusqu'à $n = 1$ » est parcourue :

☐ **a.** 7 fois ☐ **b.** 8 fois ☐ **c.** 3 fois

7 Si la valeur saisie pour la variable n de l'algorithme 3 est 20, la valeur de la variable n avant le 4e passage dans la boucle « Tant que » est :

☐ **a.** 16 ☐ **b.** 5 ☐ **c.** 8

Algorithme 1

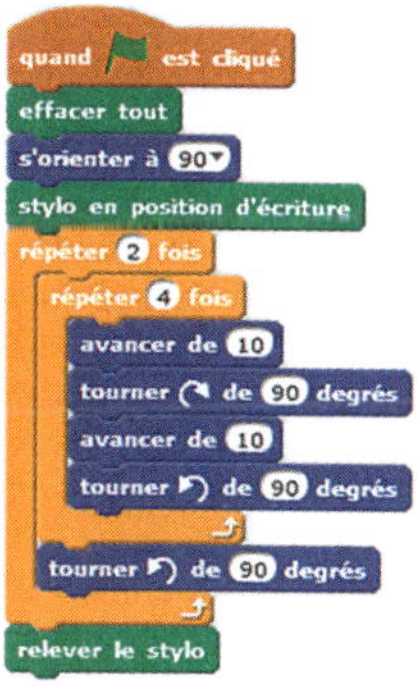

Algorithme 2

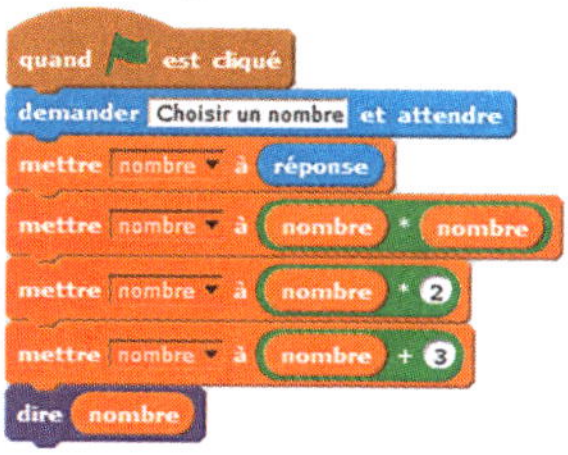

Algorithme 3

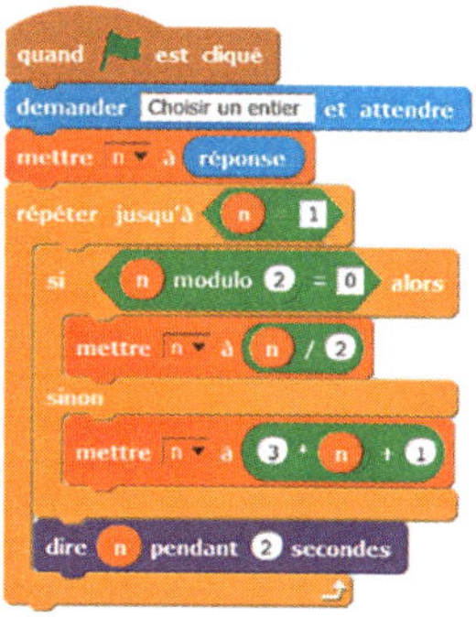

Corrigés au verso

Corrigés

1 > **a.** La réponse **b.** est obtenue avec l'algorithme ci-dessous.

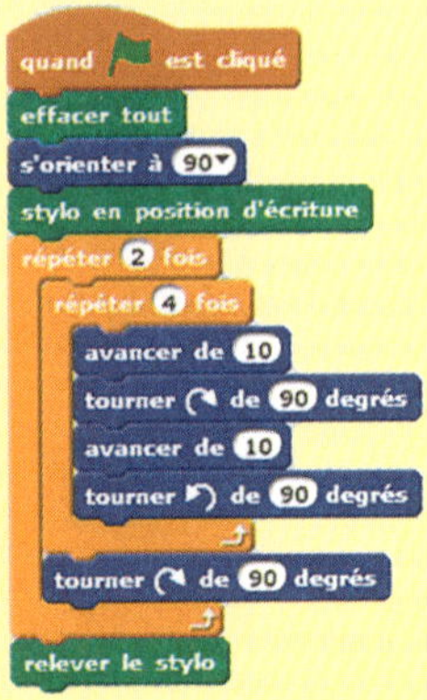

> La réponse **c.** est obtenue avec l'algorithme ci-dessous.

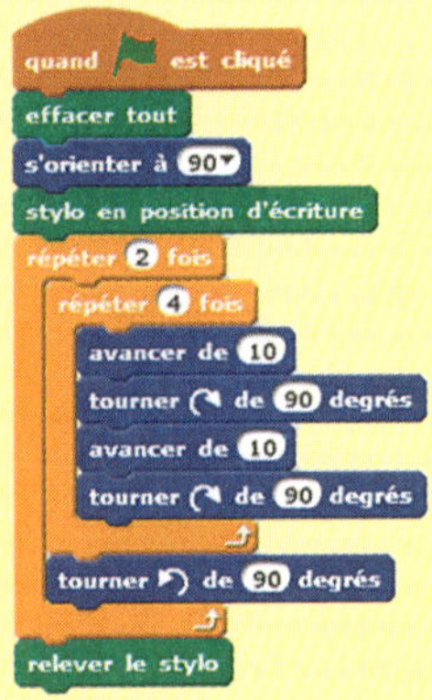

Voir **Fiche 5**

2 > **c.** Avec la boucle « Répéter 4 fois », le lutin tourne de 90° vers la gauche quatre fois. Il tourne de 90° vers la gauche une fois de plus dans la boucle « Répéter 2 fois ». Donc il tourne de 90° vers la gauche cinq fois dans la boucle « Répéter 2 fois ». Et ceci est fait deux fois. Il tourne donc de 90° vers la gauche 10 fois.

Voir **Fiche 5**

3 > **b.** Si le nombre choisi est 5, la variable « nombre » prend successivement les valeurs $5 \times 5 = 25$, puis $25 \times 2 = 50$, puis $50 + 3 = 53$.

Voir **Fiche 3**

4 > **c.** Si le nombre choisi est noté x, la variable « nombre » vaut successivement les valeurs $x \times x = x^2$, puis $x^2 \times 2 = 2x^2$, puis $2x^2 + 3$.

Voir **Fiche 3**

5 > **b.** Les instructions de la boucle sont répétées jusqu'à ce que n soit égal à 1. À la fin de l'algorithme 3, n est donc égal à 1, et le lutin dit donc 1.

Voir **Fiche 4**

6 > **a.** La variable n prend successivement les valeurs 3, 10, 5, 16, 8, 4, 2 puis 1. La boucle est donc répétée 7 fois.

Voir **Fiche 4**

7 > **a.** La variable n prend successivement les valeurs 20, 10, 5, 16, 8, 4, 2 puis 1. La valeur 5 est donc obtenue avant le troisième passage dans la boucle tandis que la valeur 16 est obtenue avant le quatrième passage et la valeur 8 est obtenue avant le cinquième passage.

Voir **Fiche 4**

Nombres premiers

- À revoir
- OK

6

COURS

● Un entier naturel est dit premier quand il admet exactement deux diviseurs : 1 et lui-même.

Exemples : 1 n'est pas un nombre premier car le seul diviseur de 1 est 1.
2 est un nombre premier car il admet pour seuls diviseurs 1 et 2.
13 est un nombre premier car il admet pour seuls diviseurs 1 et 13.

● Tout entier naturel qui n'est pas premier se décompose de manière unique en produit de facteurs premiers.

Exemples :
$300 = 2 \times 2 \times 3 \times 5 \times 5 = 2^2 \times 3^1 \times 5^2$
$520 = 2 \times 2 \times 2 \times 5 \times 13 = 2^3 \times 5^1 \times 13^1$

EXERCICE RÉSOLU 1

Énoncé

Pour chacun des entiers naturels suivants, justifier s'il est premier ou non.

1. 17 2. 91 3. 165 4. 23 5. 4 563 6. 462

Résolution

1. D'après les critères de divisibilité, 17 n'est pas divisible par 2, 3 et 5 donc pas non plus par 4, 6, 8, 10, 12, 14 et 16 ni 9 et 15.
$17 = 7 \times 2 + 3$ et $3 < 7$ donc 17 n'est pas divisible par 7.
$17 = 11 \times 1 + 6$ et $6 < 11$ donc 17 n'est pas divisible par 11.
$17 = 13 \times 1 + 4$ et $4 < 13$ donc 17 n'est pas divisible par 13.
Ainsi, 17 est un nombre premier.

2. $91 = 7 \times 13$ donc 91 est divisible par 7 et 13 donc 91 n'est pas un nombre premier.

3. Le chiffre des unités de 165 est un 5 donc 165 est divisible par 5 et 165 n'est pas un nombre premier.

4. D'après les critères de divisibilité, 23 n'est pas divisible par 2, 3 et 5 donc pas non plus par 4, 6, 8, 10, 12, 14, 16, 18, 20 et 22 ni 9, 15 et 21.
$23 = 7 \times 3 + 2$ et $2 < 7$ donc 23 n'est pas divisible par 7.
$23 = 11 \times 2 + 1$ et $1 < 11$ donc 23 n'est pas divisible par 11
$23 = 13 \times 1 + 10$ et $10 < 13$ donc 23 n'est pas divisible par 13.
$23 = 19 \times 1 + 4$ et $4 < 19$ donc 23 n'est pas divisible par 19.
Ainsi, 23 est un nombre premier.

5. 4 563 est divisible par 3 car 4 + 5 + 6 + 3 = 18 et 18 est divisible par 3 donc 4 563 n'est pas un nombre premier.

6. Le chiffre des unités de 462 est un 2 donc 462 est divisible par 2 et 462 n'est pas un nombre premier.

EXERCICE RÉSOLU 2

Énoncé

Décomposer les entiers naturels suivants en produit de facteurs premiers.

1. 60 **2.** 24 **3.** 42 **4.** 480 **5.** 18×45 **6.** 28×35

Résolution

1. $60 = 6 \times 10 = 2 \times 3 \times 2 \times 5 = 2^2 \times 3^1 \times 5^1$

2. $24 = 6 \times 4 = 2 \times 3 \times 2 \times 2 = 2^3 \times 3^1$

3. $42 = 6 \times 7 = 2 \times 3 \times 7 = 2^1 \times 3^1 \times 7^1$

4. $480 = 48 \times 10 = 6 \times 8 \times 5 \times 2 = 2 \times 3 \times 2 \times 2 \times 2 \times 5 \times 2 = 2^5 \times 3^1 \times 5^1$

5. $18 \times 45 = 3 \times 6 \times 9 \times 5 = 3 \times 3 \times 2 \times 3 \times 3 \times 5 = 2^1 \times 3^4 \times 5^1$

6. $28 \times 35 = 4 \times 7 \times 7 \times 5 = 2 \times 2 \times 7 \times 7 \times 5 = 2^2 \times 5^1 \times 7^2$

EXERCICE RÉSOLU 3

Énoncé

1. Déterminer la décomposition en produit de facteurs premiers de 120.

2. Dans chacun des cas suivants, dire si l'entier est un diviseur de 120.

a. 5 **b.** 7 **c.** $2^2 \times 3$ **d.** $2^4 \times 3^1 \times 5^1$

Résolution

1. $120 = 12 \times 10 = 2 \times 2 \times 3 \times 2 \times 5 = 2^3 \times 3^1 \times 5^1$

2. a. $120 = 5 \times (2^3 \times 3^1)$ donc 5 est un diviseur de 120.

b. 7 est un nombre premier mais n'est pas un facteur de la décomposition en produit de facteurs premiers de 120 donc 7 n'est pas un diviseur de 120.

c. $120 = 2^3 \times 3^1 \times 5^1 = 2 \times 2^2 \times 3 \times 5 = 2 \times 5 \times (2^2 \times 3)$ donc $2^2 \times 3$ est un diviseur de 120.

d. $2^4 \times 3^1 \times 5^1 = 2 \times (2^3 \times 3^1 \times 5^1) = 2 \times 120$ donc $2^4 \times 3^1 \times 5^1$ n'est pas un diviseur de 120 mais un multiple de 120.

Diviseurs communs et multiples communs ; fraction irréductible

À revoir
OK

7

COURS

a Diviseurs communs, multiples communs

Soit a et b deux entiers naturels.

- On appelle diviseur commun de a et b tout entier naturel qui divise a et b.

Exemples : Les diviseurs de 48 sont ① ; ② ; ③ ; 4 ; ⑥ ; 8 ; 12 ; 16 ; 24 ; 48.
Les diviseurs de 42 sont ① ; ② ; ③ ; ⑥ ; 7 ; 14 ; 21 ; 42.
Les diviseurs communs de 48 et 42 sont donc 1 ; 2 ; 3 et 6.

- On appelle multiple commun de a et b tout entier naturel qui est multiple de a et multiple de b.

Exemple : Les multiples communs de 6 et 8 sont 0 ; 24 ; 48 ; 72 ; 96 ; 120...

b Fraction irréductible

- Une fraction est dite irréductible, c'est-à-dire qu'elle ne peut plus être simplifiée, quand son numérateur et son dénominateur ont 1 pour seul diviseur commun.

Exemple : 32 et 27 ont pour seul diviseur commun 1 donc la fraction $\frac{27}{32}$ est irréductible.

EXERCICE RÉSOLU 1

Énoncé

Déterminer les diviseurs communs aux deux entiers : **1.** 24 et 32 **2.** 75 et 120

Résolution

1. Les diviseurs de 24 sont 1 ; 2 ; 3 ; 4 ; 6 ; 8 ; 12 ; 24.
Les diviseurs de 32 sont 1 ; 2 ; 4 ; 8 ; 16 ; 32.
Les diviseurs communs de 24 et 32 sont 1 ; 2 ; 4 et 8.

2. Les diviseurs de 75 sont 1 ; 3 ; 5 ; 15 ; 25 ; 75.
Les diviseurs de 120 sont 1 ; 2 ; 3 ; 4 ; 5 ; 6 ; 8 ; 10 ; 12 ; 15 ; 20 ; 24 ; 30 ; 40 ; 60 ; 120.
Les diviseurs communs de 75 et 120 sont 1 ; 3 ; 5 et 15.

EXERCICE RÉSOLU 2

Énoncé

Justifier que les fractions ci-contre sont irréductibles. **1.** $\frac{28}{45}$ **2.** $\frac{221}{123}$

Résolution

1. Les diviseurs de 28 sont 1 ; 2 ; 4 ; 7 ; 14 ; 28.
Les diviseurs de 45 sont 1 ; 3 ; 5 ; 9 ; 15 ; 45.
Le seul diviseur commun de 28 et 45 est 1 donc la fraction $\frac{28}{45}$ est irréductible.
2. Les diviseurs de 221 sont 1 ; 13 ; 17 ; 221.
Les diviseurs de 123 sont 1 ; 3 ; 41 ; 123.
Le seul diviseur commun de 123 et 221 est 1 donc la fraction $\frac{221}{123}$ est irréductible.

EXERCICE RÉSOLU 3

Énoncé

Justifier que les fractions suivantes ne sont pas irréductibles.

1. $\frac{45}{125}$ 2. $\frac{243}{87}$ 3. $\frac{7\,335}{8\,838}$

Résolution

1. 45 et 125 sont divisibles par 5 donc la fraction $\frac{45}{125}$ n'est pas irréductible.
2. 2 + 4 + 3 = 9 donc 243 est divisible par 3 et 8 + 7 = 15 donc 87 est divisible par 3. Ainsi, la fraction $\frac{243}{87}$ n'est pas irréductible.
3. 7 + 3 + 3 + 5 = 18 donc 7 335 est divisible par 9 et 8 + 8 + 3 + 8 = 27 donc 8 838 est divisible par 9 donc la fraction $\frac{7\,335}{8\,838}$ n'est pas irréductible.

EXERCICE RÉSOLU 4

Énoncé

Rendre irréductibles les fractions suivantes en décomposant le numérateur et le dénominateur en produit de facteurs premiers.

1. $\frac{240}{126}$ 2. $\frac{72}{45}$ 3. $\frac{330}{90}$

Résolution

1. $\frac{240}{126}=\frac{2^4\times3^1\times5^1}{2^1\times3^2\times7^1}=\frac{2^{4-1}\times5^1}{3^{2-1}\times7^1}=\frac{2^3\times5^1}{3^1\times7^1}=\frac{8\times5}{3\times7}=\frac{40}{21}$

2. $\frac{72}{45}=\frac{2^3\times3^2}{3^2\times5^1}=\frac{2^3\times3^{2-2}}{5^1}=\frac{2^3\times3^0}{5^1}=\frac{8\times1}{5}=\frac{8}{5}$

3. $\frac{330}{90}=\frac{2^1\times3^1\times5^1\times11^1}{2^1\times3^2\times5^1}=\frac{2^{1-1}\times5^{1-1}\times11^1}{3^{2-1}}=\frac{2^0\times5^0\times11^1}{3^1}=\frac{11}{3}$

Addition et soustraction de fractions

☐ À revoir
☐ OK

8

COURS

- Pour additionner (ou soustraire) deux fractions ayant le même dénominateur, on additionne (ou soustrait) les numérateurs entre eux et on garde le dénominateur commun des deux fractions.

Si a, b et c sont trois nombres relatifs tels que c est non nul alors :

$$\frac{a}{c}+\frac{b}{c}=\frac{a+b}{c} \quad \text{et} \quad \frac{a}{c}-\frac{b}{c}=\frac{a-b}{c}$$

Exemples :

$$\frac{5}{13}+\frac{4}{13}=\frac{5+4}{13}=\frac{9}{13} \qquad \frac{7}{5}-\frac{11}{5}=\frac{7-11}{5}=-\frac{4}{5}$$

- Pour additionner (ou soustraire) deux fractions n'ayant le même dénominateur, il faut au préalable les réduire au même dénominateur.

Exemples :

$$\frac{7}{4}+\frac{5}{6}=\frac{7\times3}{4\times3}+\frac{5\times2}{6\times2}=\frac{21}{12}+\frac{10}{12}=\frac{21+10}{12}=\frac{31}{12}$$

EXERCICE RÉSOLU 1

Énoncé

Calculer et donner le résultat sous forme d'une fraction irréductible.

$A=\frac{5}{4}-\frac{7}{12}$ $\quad B=\frac{3}{8}+\frac{5}{6}$ $\quad C=-\frac{7}{5}-\frac{9}{4}$ $\quad D=-\frac{10}{9}+\frac{7}{12}$

Résolution

$$A=\frac{5}{4}-\frac{7}{12}=\frac{5\times3}{4\times3}-\frac{7}{12}=\frac{15}{12}-\frac{7}{12}=\frac{8}{12}=\frac{2\times4}{3\times4}=\frac{2}{3}$$

$$B=\frac{3}{8}+\frac{5}{6}=\frac{3\times3}{8\times3}+\frac{5\times4}{6\times4}=\frac{9}{24}+\frac{20}{24}=\frac{29}{24}$$

$$C=-\frac{7}{5}-\frac{9}{4}=-\frac{7\times4}{5\times4}-\frac{9\times5}{4\times5}=-\frac{28}{20}-\frac{45}{20}=-\frac{73}{20}$$

$$D=-\frac{10}{9}+\frac{7}{12}=-\frac{10\times4}{9\times4}+\frac{7\times3}{12\times3}=-\frac{40}{36}+\frac{21}{36}=-\frac{19}{36}$$

EXERCICE RÉSOLU 2

Énoncé

Calculer et donner le résultat sous forme d'une fraction irréductible.

$A = 4 - \frac{17}{6}$ $\quad B = \frac{7}{6} - \frac{5}{8} - \frac{5}{12}$ $\quad C = \frac{8}{3} - \left(\frac{13}{6} + \frac{5}{4}\right)$

Résolution

$$A = 4 - \frac{17}{6} = \frac{4}{1} - \frac{17}{6} = \frac{4\times 6}{1\times 6} - \frac{17}{6} = \frac{24}{6} - \frac{17}{6} = \frac{7}{6}$$

$$B = \frac{7}{6} - \frac{5}{8} - \frac{5}{12} = \frac{7\times 4}{6\times 4} - \frac{5\times 3}{8\times 3} - \frac{5\times 2}{12\times 2} = \frac{28}{24} - \frac{15}{24} - \frac{10}{24} = \frac{3}{24} = \frac{1\times \cancel{3}}{8\times \cancel{3}} = \frac{1}{8}$$

$$C = \frac{8}{3} - \left(\frac{13}{6} + \frac{5}{4}\right) = \frac{8\times 4}{3\times 4} - \left(\frac{13\times 2}{6\times 2} + \frac{5\times 3}{4\times 3}\right) = \frac{32}{12} - \left(\frac{26}{12} + \frac{15}{12}\right) = \frac{32}{12} - \frac{41}{12} = -\frac{9}{12} = -\frac{3\times \cancel{3}}{4\times \cancel{3}} = -\frac{3}{4}$$

EXERCICE RÉSOLU 3

Énoncé

Au 1er janvier 2016, la part des 0-24 ans dans la population française était de trois dixièmes tandis que les personnes âgées de plus de 60 ans représentaient un quart de la population. Quelle était alors la part de la population française que représentaient les personnes dont l'âge était compris entre 25 et 59 ans ? On donnera le résultat sous forme d'une fraction irréductible.

Résolution

$$1 - \left(\frac{3}{10} + \frac{1}{4}\right) = \frac{20}{20} - \left(\frac{3\times 2}{10\times 2} + \frac{1\times 5}{4\times 5}\right) = \frac{20}{20} - \left(\frac{6}{20} + \frac{5}{20}\right) = \frac{20}{20} - \frac{11}{20} = \frac{9}{20}$$

Au 1er janvier 2016, la part des 25-59 ans dans la population française était de $\frac{9}{20}$.

Multiplication de fractions

- À revoir
- OK

9

COURS

● Pour multiplier deux fractions, on multiplie les numérateurs entre eux et les dénominateurs entre eux.
Si a, b, c et d sont quatre nombres relatifs tels que b et d sont non nuls alors :

$$\frac{a}{b}\times\frac{c}{d}=\frac{a\times c}{b\times d}$$

Exemple : $\frac{-7}{5}\times\frac{5}{4}=\frac{-7\times5}{3\times4}=-\frac{35}{12}$

EXERCICE RÉSOLU 1

Énoncé

Calculer et donner le résultat sous forme d'une fraction irréductible.

$A=-\frac{4}{7}\times\frac{11}{5}$ $\quad B=\frac{24}{35}\times\frac{55}{21}$ $\quad C=-\frac{7}{18}\times48$ $\quad D=\frac{-12}{65}\times\left(-\frac{26}{27}\right)$

Résolution

$$A=-\frac{4}{7}\times\frac{11}{5}=-\frac{4\times11}{7\times5}=-\frac{44}{35}$$

$$B=\frac{24}{35}\times\frac{55}{21}=\frac{\cancel{3}\times8\times11\times\cancel{5}}{7\times\cancel{5}\times7\times\cancel{3}}=\frac{88}{49}$$

$$C=-\frac{7}{18}\times48=-\frac{7\times48}{18}=-\frac{7\times8\times\cancel{6}}{3\times\cancel{6}}=-\frac{56}{3}$$

$$D=\frac{-12}{65}\times\left(-\frac{26}{27}\right)=\frac{2\times6\times2\times\cancel{13}}{\cancel{13}\times5\times3\times9}=\frac{2\times\cancel{3}\times2\times2}{5\times\cancel{3}\times9}=\frac{8}{45}$$

EXERCICE RÉSOLU 2

Énoncé

Calculer et donner le résultat sous forme d'une fraction irréductible.

$A=\frac{4}{7}-\frac{15}{7}\times\frac{8}{5}$ $\quad B=\frac{6}{5}\times\left(\frac{7}{4}-\frac{5}{6}\right)$ $\quad C=\left(\frac{3}{5}-\frac{5}{3}\right)\times\left(\frac{13}{16}+\frac{11}{24}\right)$

Résolution

$A = \frac{4}{7} - \frac{15}{7} \times \frac{8}{5}$

$= \frac{4}{7} - \frac{3 \times \cancel{5} \times 8}{7 \times \cancel{5}}$

$= \frac{4}{7} - \frac{24}{7}$

$= -\frac{20}{7}$

$B = \frac{6}{5} \times \left(\frac{7}{4} - \frac{5}{6}\right)$

$= \frac{6}{5} \times \left(\frac{7 \times 3}{4 \times 3} - \frac{5 \times 2}{6 \times 2}\right)$

$= \frac{6}{5} \times \left(\frac{21}{12} - \frac{10}{12}\right)$

$= \frac{6}{5} \times \frac{11}{12}$

$= \frac{\cancel{6} \times 11}{5 \times \cancel{6} \times 2}$

$= \frac{11}{10}$

$C = \left(\frac{3}{5} - \frac{5}{3}\right) \times \left(\frac{13}{16} + \frac{11}{24}\right)$

$= \left(\frac{3 \times 3}{5 \times 3} - \frac{5 \times 5}{3 \times 5}\right) \times \left(\frac{13 \times 3}{16 \times 3} + \frac{11 \times 2}{24 \times 2}\right)$

$= \left(\frac{9}{15} - \frac{25}{15}\right) \times \left(\frac{39}{48} + \frac{22}{48}\right)$

$= -\frac{16}{15} \times \frac{61}{48}$

$= -\frac{\cancel{16} \times 61}{15 \times \cancel{16} \times 3}$

$= -\frac{61}{45}$

EXERCICE RÉSOLU 3

Énoncé

D'après l'INSEE, en 2011, il y avait 25 778 000 actifs en France. Parmi eux, environ $\frac{4}{5}$ travaillaient dans le secteur tertiaire et les $\frac{9}{20}$ de ceux-ci étaient des hommes.

1. Combien y avait-il environ d'actifs dans le secteur tertiaire en 2011 ?

2. Quelle proportion des actifs étaient des hommes du secteur tertiaire en 2011 ? On donnera le résultat sous la forme d'une fraction irréductible.

Résolution

1. $\frac{4}{5} \times 25\ 778\ 000 = 20\ 622\ 400$

Il y avait 20 622 400 actifs dans le secteur tertiaire en 2011.

2. Deux calculs sont possibles :

- $\frac{9}{20}$ des $\frac{4}{5}$ des actifs du secteur tertiaire étaient des hommes donc la proportion des actifs qui étaient des hommes dans le secteur tertiaire est $\frac{9}{20} \times \frac{4}{5} = \frac{9 \times \cancel{4}}{\cancel{4} \times 5 \times 5} = \frac{9}{25}$.
- $\frac{9}{20} \times 20\ 622\ 400 = 9\ 280\ 080$ donc il y avait 9 280 080 hommes dans le secteur tertiaire.

La proportion des actifs qui étaient des hommes dans le secteur tertiaire est donc $\frac{9\,280\,080}{20\,622\,400} = \frac{\cancel{1\,031\,120} \times 9}{\cancel{1\,031\,120} \times 25} = \frac{9}{25}$.

Inverse

À revoir
OK

10

COURS

- Deux nombres relatifs sont dits inverses l'un de l'autre quand leur produit est égal à 1.

Exemple : 8 et 0,125 sont inverses l'un de l'autre car 8 × 0,125 = 1.

⚠ **Attention** : 0 n'a pas d'inverse.

- L'inverse d'un nombre non nul x est $\frac{1}{x}$ car $\boldsymbol{x \times \frac{1}{x} = 1}$.

Exemples : L'inverse de 4 est $\frac{1}{4} = 0{,}25$ car $4 \times \frac{1}{4} = 1$.

L'inverse de – 3 est $-\frac{1}{3}$ car $-3 \times \left(-\frac{1}{3}\right) = 1$.

- Soit a et b deux nombres relatifs non nuls.

L'inverse de la fraction $\frac{a}{b}$ est $\frac{b}{a}$ car $\frac{a}{b} \times \frac{b}{a} = 1$.

Exemples : L'inverse de $\frac{5}{4}$ est $\frac{4}{5}$ car $\frac{5}{4} \times \frac{4}{5} = 1$.

L'inverse de $-\frac{3}{7}$ est $-\frac{7}{3}$ car $-\frac{3}{7} \times \left(-\frac{7}{3}\right) = 1$.

EXERCICE RÉSOLU 1

Énoncé

Relier chaque nombre et son inverse.

1. 0,1 ▪	▪ **a.** 9
2. – 8 ▪	▪ **b.** 1
3. $\frac{1}{9}$ ▪	▪ **c.** 10
4. 1 ▪	▪ **d.** – 1
5. – 1 ▪	▪ **e.** – 0,125

Résolution

Il suffit de relier entre eux les nombres dont le produit est égal à 1 : 1. et **c.**, 2. et **e.**, 3. et **a.**, 4. et **b.** et 5. et **d.**

EXERCICE RÉSOLU 2

Énoncé

Donner l'inverse des nombres suivants sous forme d'une fraction et, lorsque c'est possible, sous forme d'un nombre décimal.

1. 2 2. 13 3. – 5 4. – 7 5. $\frac{5}{8}$ 6. $\frac{1}{9}$ 7. $-\frac{13}{17}$ 8. 0,4

Résolution

1. L'inverse de 2 est $\frac{1}{2}=0,5$.

2. L'inverse de 13 est $\frac{1}{13}$.

3. L'inverse de – 5 est $\frac{1}{-5}=-\frac{1}{5}=-0,2$.

4. L'inverse de – 7 est $\frac{1}{-7}=-\frac{1}{7}$.

4. L'inverse de $\frac{5}{8}$ est $\frac{8}{5}=1,6$.

6. L'inverse de $\frac{1}{9}$ est $\frac{9}{1}=9$.

7. L'inverse de $-\frac{13}{17}$ est $-\frac{17}{13}$.

8. L'inverse de 0,4 est $\frac{1}{0,4}=\frac{1\times10}{0,4\times10}=\frac{10}{4}=\frac{5}{2}=2,5$.

EXERCICE RÉSOLU 3

Énoncé

Les affirmations suivantes sont-elles vraies ou fausses ? Justifier la réponse.

1. L'inverse d'un nombre décimal non nul est un nombre décimal.
2. Un nombre relatif non nul et son inverse ont le même signe.
3. L'inverse de l'inverse d'un nombre non nul x est égal à x.
4. L'inverse de la somme de deux nombres non nuls est égal à la somme des inverses de ces deux nombres.

Résolution

1. Faux. L'inverse de 3 est $\frac{1}{3}$ et $\frac{1}{3}$ n'est pas un nombre décimal.
2. Vrai. Le produit d'un nombre non nul et de son inverse est égal à 1 et est donc positif. Les deux nombres ne peuvent donc pas avoir des signes différents sinon leur produit serait négatif.
3. Vrai. Si x est un nombre non nul, son inverse est $\frac{1}{x}$. L'inverse de $\frac{1}{x}$ est donc x.
4. Faux. Si ces deux nombres sont 1 et 2, leur somme est égale à 3 et l'inverse de cette somme est $\frac{1}{3}$. Les inverses de ces deux nombres sont respectivement 1 et $\frac{1}{2}=0,5$. La somme de ces deux inverses est 1,5 et 1,5 est différent de $\frac{1}{3}$.

Division de fractions

☐ À revoir
☐ OK

11

COURS

- Diviser par un nombre relatif non nul revient à multiplier par son inverse.

Si a et b sont deux nombres relatifs tels que b est non nul, alors :

$$\frac{a}{b} = a \times \frac{1}{b}$$

Exemple : $\frac{2}{3} = 2 \times \frac{1}{3}$ $\qquad \frac{-5}{13} = -5 \times \frac{1}{13}$

- Si a, b, c et d sont quatre nombres relatifs tels que b, c et d sont non nuls, alors :

$$\frac{\frac{a}{b}}{\frac{c}{d}} = \frac{a}{b} \div \frac{c}{d} = \frac{a}{b} \times \frac{d}{c}$$

Exemples : $\frac{\frac{2}{3}}{-\frac{7}{5}} = \frac{2}{3} \times \left(-\frac{5}{7}\right) = -\frac{10}{21}$ $\qquad \frac{13}{9} \div \frac{11}{4} = \frac{13}{9} \times \frac{4}{11} = \frac{52}{99}$

EXERCICE RÉSOLU 1

Énoncé

Calculer et donner le résultat sous forme d'une fraction irréductible.

$A = \frac{15}{8} \div \frac{25}{4}$ $\qquad B = -\frac{35}{33} \div \frac{28}{55}$ $\qquad C = \frac{\frac{49}{24}}{\frac{-21}{16}}$ $\qquad D = \frac{\frac{56}{39}}{\frac{21}{26}}$

Résolution

$$A = \frac{15}{8} \div \frac{25}{4} = \frac{15}{8} \times \frac{4}{25} = \frac{3 \times \cancel{5} \times \cancel{4}}{2 \times \cancel{4} \times \cancel{5} \times 5} = \frac{3}{10}$$

$$B = -\frac{35}{33} \div \frac{28}{55} = -\frac{35}{33} \times \frac{55}{28} = -\frac{\cancel{7} \times 5 \times 5 \times \cancel{11}}{3 \times \cancel{11} \times 4 \times \cancel{7}} = -\frac{25}{12}$$

$$C = \frac{\frac{49}{24}}{\frac{-21}{16}} = \frac{49}{24} \times \left(-\frac{16}{21}\right) = -\frac{\cancel{7} \times 7 \times \cancel{8} \times 2}{3 \times \cancel{8} \times 3 \times \cancel{7}} = -\frac{14}{9}$$

$$D = \frac{\frac{56}{39}}{\frac{21}{26}} = \frac{56}{39} \times \frac{26}{21} = \frac{\cancel{7} \times 8 \times 2 \times \cancel{13}}{3 \times \cancel{13} \times \cancel{7} \times 3} = \frac{16}{9}$$

EXERCICE RÉSOLU 2

Énoncé

Calculer et donner le résultat sous forme d'une fraction irréductible.

$A = \frac{13}{5} + \frac{8}{5} \div \frac{16}{15}$ $B = \left(\frac{5}{12} - \frac{7}{15}\right) \div \left(\frac{1}{5} + \frac{1}{4}\right)$ $C = \frac{\frac{1}{3} - \frac{1}{2}}{\frac{1}{3} + \frac{1}{2}}$

Résolution

$$A = \frac{13}{5} + \frac{8}{5} \div \frac{16}{15}$$
$$= \frac{13}{5} + \frac{8}{5} \times \frac{15}{16}$$
$$= \frac{13}{5} + \frac{\cancel{8} \times 3 \times \cancel{5}}{\cancel{5} \times \cancel{8} \times 2}$$
$$= \frac{13}{5} + \frac{3}{2}$$
$$= \frac{26}{10} + \frac{15}{10}$$
$$= \frac{41}{10}$$

$$B = \left(\frac{5}{12} - \frac{7}{15}\right) \div \left(\frac{1}{5} + \frac{1}{4}\right)$$
$$= \left(\frac{25}{60} - \frac{28}{60}\right) \div \left(\frac{4}{20} + \frac{5}{20}\right)$$
$$= -\frac{3}{60} \div \frac{9}{20}$$
$$= -\frac{3}{60} \times \frac{20}{9}$$
$$= -\frac{\cancel{3} \times \cancel{20}}{\cancel{3} \times \cancel{20} \times 9}$$
$$= -\frac{1}{9}$$

$$C = \frac{\frac{1}{3} - \frac{1}{2}}{\frac{1}{3} + \frac{1}{2}}$$
$$= \frac{\frac{2}{6} - \frac{3}{6}}{\frac{2}{6} + \frac{3}{6}}$$
$$= \frac{-\frac{1}{6}}{\frac{5}{6}}$$
$$= -\frac{1}{6} \times \frac{6}{5}$$
$$= -\frac{1}{\cancel{6}} \times \frac{\cancel{6}}{5}$$
$$= -\frac{1}{5}$$

EXERCICE RÉSOLU 3

Énoncé

Pour diviser 3 141,5 par 1 000, il suffit de décaler la virgule de 3 141,5 de 3 rangs vers la gauche. Pour multiplier 3,141 5 par 0,001, on peut faire de même. Pourquoi ?

Résolution

L'inverse de 1 000 est 0,001. En effet, 1 000 × 0,001 = 1 ou encore $\frac{1}{1\,000} = 0{,}001$.

Or diviser par 1 000 revient à multiplier par son inverse donc $\frac{3\,141{,}5}{1\,000} = 3\,141{,}5 \times 0{,}001$

Le quotient de 3 141,5 par 1 000 et le produit de 3,141 5 par 0,001 peuvent donc être obtenus en effectuant le même décalage de la virgule vers la gauche.

Racine carrée d'un nombre positif

☐ À revoir
☐ OK

12

COURS

- Soit a un nombre positif.

On appelle racine carrée de a, notée $\sqrt{a}$, le nombre positif dont le carré est égal à a.

Ainsi, $\left(\sqrt{a}\right)^2 = \sqrt{a} \times \sqrt{a} = a$

Le symbole $\sqrt{\ }$ est appelé radical.

Exemples :

On note $\sqrt{16}$ la racine carrée de 16.

$\sqrt{16} = 4$ car 4 est le nombre positif dont le carré est égal à 4.

On note $\sqrt{20,25}$ la racine carrée de 20,25.

$\sqrt{20,25} = 4,5$ car 4,5 est le nombre positif dont le carré est égal à 20,25.

On note $\sqrt{\frac{9}{25}}$ la racine carrée de $\frac{9}{25}$.

$\sqrt{\frac{9}{25}} = \frac{3}{5}$ car $\frac{3}{5}$ est le nombre positif dont le carré est égal à $\frac{9}{25}$.

EXERCICE RÉSOLU 1

Énoncé

Sans utiliser la calculatrice, calculer les racines carrées suivantes et donner le résultat sous la forme d'un nombre décimal ou d'une fraction.

1. $\sqrt{36}$
2. $\sqrt{81}$
3. $\sqrt{\frac{1}{16}}$
4. $\sqrt{\frac{4}{9}}$
5. $\sqrt{0,64}$
6. $\sqrt{0,000\,4}$
7. $\sqrt{2\,500}$
8. $\sqrt{1\,000\,000}$

Résolution

1. $\sqrt{36} = 6$ car 6 est le nombre positif dont le carré est égal à 36.
2. $\sqrt{81} = 9$ car 9 est le nombre positif dont le carré est égal à 81.
3. $\sqrt{\frac{1}{16}} = \frac{1}{4}$ car $\frac{1}{4}$ est le nombre positif dont le carré est égal à $\frac{1}{16}$.
4. $\sqrt{\frac{4}{9}} = \frac{2}{3}$ car $\frac{2}{3}$ est le nombre positif dont le carré est égal à $\frac{4}{9}$.
5. $\sqrt{0,64} = 0,8$ car 0,8 est le nombre positif dont le carré est égal à 0,64.

6. $\sqrt{0{,}000\,4} = 0{,}02$ car 0,02 est le nombre positif dont le carré est égal à 0,000 4.

7. $\sqrt{2\,500} = 50$ car 50 est le nombre positif dont le carré est égal à 2500.

8. $\sqrt{1\,000\,000} = 1\,000$ car 1 000 est le nombre positif dont le carré est égal à 1000000.

EXERCICE RÉSOLU 2

Énoncé

Sans utiliser la calculatrice, calculer les carrés suivants et donner le résultat sous forme d'un nombre décimal ou d'une fraction.

1. $(\sqrt{18})^2$ 2. $\left(\sqrt{\frac{3}{5}}\right)^2$ 3. $(2\sqrt{5})^2$ 4. $(-\sqrt{7})^2$ 5. $(-5\sqrt{3})^2$

Résolution

1. $(\sqrt{18})^2 = 18$ car $\sqrt{18}$ est le nombre positif dont le carré est égal à 18.
2. $\left(\sqrt{\frac{3}{5}}\right)^2 = \frac{3}{5}$ car $\sqrt{\frac{3}{5}}$ est le nombre positif dont le carré est égal à $\frac{3}{5}$.
3. $(2\sqrt{5})^2 = 2\sqrt{5} \times 2\sqrt{5} = 2 \times 2 \times \sqrt{5} \times \sqrt{5} = 4(\sqrt{5})^2 = 4 \times 5 = 20$
4. $(-\sqrt{7})^2 = -\sqrt{7} \times (-\sqrt{7}) = (\sqrt{7})^2 = 7$
5. $(-5\sqrt{3})^2 = -5\sqrt{3} \times (-5\sqrt{3}) = -5 \times (-5) \times \sqrt{3} \times \sqrt{3} = 25(\sqrt{3})^2 = 25 \times 3 = 75$

EXERCICE RÉSOLU 3

Énoncé

Les affirmations suivantes sont-elles vraies ou fausses ? Justifier la réponse.

1. Pour tous nombres a et b positifs, $\sqrt{a} + \sqrt{b} = \sqrt{a+b}$.
2. Le seul nombre dont le carré est égal à 2 est $\sqrt{2}$.
3. Pour tous nombres a et b tels que b est positif, $(a\sqrt{b})^2 = a^2 b$.

Résolution

1. Faux. Si $a = 9$ et $b = 16$ alors $\sqrt{a} = \sqrt{9} = 3$ et $\sqrt{b} = \sqrt{16} = 4$ donc $\sqrt{a} + \sqrt{b} = 3 + 4 = 7$. $\sqrt{a+b} = \sqrt{9+16} = \sqrt{25} = 5$. Ainsi, $\sqrt{9} + \sqrt{16} \neq \sqrt{9+16}$.
2. Faux. $(-\sqrt{2})^2 = -\sqrt{2} \times (-\sqrt{2}) = 2$. Donc $-\sqrt{2}$ est un autre nombre dont le carré est 2. C'est même le seul autre.
3. Vrai. $(a\sqrt{b})^2 = a\sqrt{b} \times a\sqrt{b} = a \times \sqrt{b} \times a \times \sqrt{b} = a \times a \times \sqrt{b} \times \sqrt{b} = a^2(\sqrt{b})^2 = a^2 b$

Puissances de 10

- À revoir
- OK

13

COURS

- Soit n un entier positif supérieur ou égal à 2.

$$10^n = \underbrace{10 \times 10 \times 10 \times \ldots \times 10 \times 10 \times 10}_{n \text{ facteurs}} = 1\underbrace{0\ldots0}_{n \text{ zéros}}$$

Par convention : $10^1 = 10$ et $10^0 = 1$

Exemples :

$10^4 = 10 \times 10 \times 10 \times 10 = 10\,000$

$10^8 = 10 \times 10 \times 10 \times 10 \times 10 \times 10 \times 10 \times 10 = 100\,000\,000$

- Soit n un entier positif supérieur ou égal à 1.

10^{-n} est l'inverse de 10^n. Ainsi, $10^{-n} = \dfrac{1}{10^n} = \dfrac{1}{1\underbrace{0\ldots0}_{n \text{ zéros}}} = \underbrace{0{,}0\ldots0}_{n \text{ zéros}}1$

Exemples :

$10^{-4} = \dfrac{1}{10^4} = \dfrac{1}{10\,000} = 0{,}000\,01$ $\qquad$ $10^{-8} = \dfrac{1}{10^8} = \dfrac{1}{100\,000\,000} = 0{,}000\,000\,01$

- Pour certaines unités, on utilise les préfixes suivants pour simplifier l'écriture de mesures exprimées en puissances de 10 :

préfixe	giga	méga	kilo	unité	milli	micro	nano
symbole	G	M	k		m	µ	n
10^n	10^9	10^6	10^3	10^0	10^{-3}	10^{-6}	10^{-9}

Exemples :

Une bactérie *Escherichia coli* peut mesurer 2 µm c'est-à-dire 2×10^{-6} mètres.
Un disque dur de capacité 500 Go a 500×10^9 octets d'espace mémoire.

EXERCICE RÉSOLU 1

Énoncé

Donner l'écriture décimale de chaque nombre.

1. 10^9 **2.** 10^{-2} **3.** 10^5 **4.** 10^{-6} **5.** 10^7 **6.** 10^{-3}

Résolution

1. $10^9 = 1\,000\,000\,000$ **2.** $10^{-2} = 0{,}01$ **3.** $10^5 = 100\,000$
4. $10^{-6} = 0{,}000\,001$ **5.** $10^7 = 10\,000\,000$ **6.** $10^{-3} = 0{,}001$

EXERCICE RÉSOLU 2

Énoncé

Écrire sous la forme d'une puissance de 10.

1. 100
2. 0,000 01
3. 1 000 000
4. 0,000 000 001
5. 1
6. 0,000 000 1

Résolution

1. $100 = 10^2$
2. $0{,}000\ 01 = 10^{-5}$
3. $1\ 000\ 000 = 10^6$
4. $0{,}000\ 000\ 001 = 10^{-9}$
5. $1 = 10^0$
6. $0{,}000\ 000\ 1 = 10^{-7}$

EXERCICE RÉSOLU 3

Énoncé

Écrire sous la forme d'une puissance de 10.

1. un milliard
2. cent mille
3. dix millionièmes
4. un millième
5. cent milliardièmes
6. cent millions

Résolution

1. un milliard = $1\ 000\ 000\ 000 = 10^9$
2. cent mille = $100\ 000 = 10^5$
3. dix millionièmes = $10 \times 0{,}000\ 001 = 0{,}000\ 01 = 10^{-5}$
4. un millième = $0{,}001 = 10^{-3}$
5. cent milliardièmes = $100 \times 0{,}000\ 000\ 001 = 0{,}000\ 000\ 1 = 10^{-7}$
6. cent millions = $100 \times 1\ 000\ 000 = 10^8$

EXERCICE RÉSOLU 4

Énoncé

Compléter avec une puissance de 10.

1. 1 µm = ... m
2. 1 mL = ... L
3. 1 kg = ... g
4. 10 MW = ... W
5. 100 Go = ... o
6. 1 ns = ... s

Résolution

1. 1 µm = 10^{-6} m
2. 1 mL = 10^{-3} L
3. 1 kg = 10^3 g
4. 1 MW = 10^6 W
5. 1 Go = 10^9 o
6. 1 ns = 10^{-9} s

Puissances d'exposant entier positif et négatif

- À revoir
- OK

14

COURS

- Soit a est un nombre non nul et n un entier positif.

Si $n \geqslant 2$, on note a^n le produit de n facteurs tous égaux à a.

$$a^n = \underbrace{a \times a \times a \times \ldots \times a \times a \times a}_{n \text{ facteurs}}$$

Par convention : $a^1 = a$ et $a^0 = 1$

Exemples :

$2^6 = 2 \times 2 \times 2 \times 2 \times 2 \times 2 = 64$ $\quad (-3)^4 = (-3) \times (-3) \times (-3) \times (-3) = 81$

- Soit a un nombre relatif non nul et n un entier relatif.

On note a^{-n} l'inverse de a^n : $a^{-n} = \dfrac{1}{a^n}$.

Remarque : on note a^{-1} l'inverse de a car $a^{-1} = \dfrac{1}{a^1} = \dfrac{1}{a}$.

Exemples :

$2^{-3} = \dfrac{1}{2^3} = \dfrac{1}{8} = 0{,}125$ $\quad 10^{-4} = \dfrac{1}{10^4} = \dfrac{1}{10\,000} = 0{,}000\,1$

EXERCICE RÉSOLU 1

Énoncé

Calculer et donner le résultat sous la forme d'un nombre décimal.

1. 3^3 **2.** 5^2 **3.** $0{,}1^3$ **4.** $(-2)^6$ **5.** $0{,}5^2$ **6.** $(-1)^5$ **7.** $(-10)^5$

Résolution

1. $3^3 = 3 \times 3 \times 3 = 27$ **2.** $5^2 = 5 \times 5 = 25$ **3.** $0{,}1^3 = 0{,}1 \times 0{,}1 \times 0{,}1 = 0{,}001$

4. $(-2)^6 = (-2) \times (-2) \times (-2) \times (-2) \times (-2) \times (-2) = 64$

5. $0{,}5^2 = 0{,}5 \times 0{,}5 = 0{,}25$ **6.** $(-1)^5 = (-1) \times (-1) \times (-1) \times (-1) \times (-1) = -1$

7. $(-10)^5 = (-10) \times (-10) \times (-10) \times (-10) \times (-10) = -100\,000$

EXERCICE RÉSOLU 2

Énoncé

Calculer et donner le résultat sous la forme d'une fraction.

1. $\left(\dfrac{3}{2}\right)^3$ **2.** $\left(\dfrac{1}{2}\right)^4$ **3.** $\left(-\dfrac{1}{3}\right)^4$ **4.** $\left(-\dfrac{5}{3}\right)^3$

Résolution

1. $\left(\frac{3}{2}\right)^3 = \frac{3}{2}\times\frac{3}{2}\times\frac{3}{2} = \frac{27}{8}$
2. $\left(\frac{1}{2}\right)^4 = \frac{1}{2}\times\frac{1}{2}\times\frac{1}{2}\times\frac{1}{2} = \frac{1}{16}$
3. $\left(-\frac{1}{3}\right)^4 = \left(-\frac{1}{3}\right)\times\left(-\frac{1}{3}\right)\times\left(-\frac{1}{3}\right)\times\left(-\frac{1}{3}\right) = \frac{1}{81}$
4. $\left(-\frac{5}{3}\right)^3 = \left(-\frac{5}{3}\right)\times\left(-\frac{5}{3}\right)\times\left(-\frac{5}{3}\right) = -\frac{125}{27}$

EXERCICE RÉSOLU 3

Énoncé

Écrire sous la forme d'une puissance de 2.

1. 16 2. 1 3. 32 4. 8 5. 128 6. 2

Résolution

1. $16 = 2 \times 2 \times 2 \times 2 = 2^4$ 2. $1 = 2^0$ 3. $32 = 2 \times 2 \times 2 \times 2 \times 2 = 2^5$
4. $8 = 2 \times 2 \times 2 = 2^3$ 5. $128 = 2 \times 2 \times 2 \times 2 \times 2 \times 2 \times 2 = 2^7$ 6. $2 = 2^1$

EXERCICE RÉSOLU 4

Énoncé

Écrire sous forme décimale.

1. 10^{-3} 2. 2^{-2} 3. 4^{-1} 4. 5^{-2} 5. $(-10)^{-5}$ 6. 2^{-4} 7. $(-10)^{-4}$

Résolution

1. $10^{-3} = \frac{1}{10^3} = \frac{1}{1\,000} = 0{,}001$
2. $2^{-2} = \frac{1}{2^2} = \frac{1}{4} = 0{,}25$
3. $4^{-1} = \frac{1}{4^1} = 0{,}25$
4. $5^{-2} = \frac{1}{5^2} = \frac{1}{25} = 0{,}04$
5. $(-10)^{-5} = \frac{1}{(-10)^5} = \frac{1}{-100\,000} = -0{,}000\,01$
6. $2^{-4} = \frac{1}{2^4} = \frac{1}{16} = 0{,}0625$
7. $(-10)^{-4} = \frac{1}{(-10)^4} = \frac{1}{10\,000} = 0{,}000\,1$

EXERCICE RÉSOLU 5

Énoncé

Des chercheurs étudient des bactéries dans un laboratoire de biologie.
Ils estiment que leur population double toutes les 20 minutes à une température ambiante de 40 °C. Par combien sera alors multipliée cette population au bout de 10 heures ?

Résolution

Dans 10 heures, il y a 10 × 3 = 30 fois 20 minutes. Au bout de 10 heures, cette population sera donc multipliée par $2^{30} = 1\,073\,741\,824$.

Notation scientifique et ordre de grandeur

À revoir
OK

15

COURS

● On appelle notation scientifique d'un nombre décimal l'écriture de ce nombre comme produit d'un nombre décimal ayant un seul chiffre non nul avant la virgule par une puissance de 10.

Exemples :

La notation scientifique de 43578,63 est $4{,}357\,863 \times 10^4$.

La notation scientifique de 0,008 43 est $8{,}43 \times 10^{-3}$.

● La notation scientifique d'un nombre décimal permet de déterminer des ordres de grandeur de ce nombre.

Exemple : Un ordre de grandeur de $4{,}357\,863 \times 10^4$ est 4×10^4, soit 40 000, car l'entier le plus proche de 4,357 863 est 4.

EXERCICE RÉSOLU 1

Énoncé

Parmi les nombres suivants, quels sont ceux qui sont écrits en notation scientifique ?

$A = 13{,}98 \times 10^5$ $B = 1{,}98 \times 10^{-4}$ $C = 0{,}73 \times 10^9$ $D = 8 \times 10^{-3}$

Résolution

Ceux qui sont écrits en notation scientifique sont $B = 1{,}98 \times 10^{-4}$ et $D = 8 \times 10^{-3}$.

$A = 13{,}98 \times 10^5$ n'est pas écrit en notation scientifique car 13,98 a deux chiffres avant la virgule.

$C = 0{,}73 \times 10^9$ n'est pas écrit en notation scientifique car le chiffre de 0,73 avant la virgule est un zéro.

EXERCICE RÉSOLU 2

Énoncé

Donner la notation scientifique puis un ordre de grandeur des nombres suivants.

1. 428,54
2. 0,000 24
3. 7 898,12
4. 0,000 007 35

Résolution

1. $428{,}54 = 4{,}285\,4 \times 10^2$. Un ordre de grandeur de 428,54 est 4×10^2.

2. $0{,}000\,24 = 2{,}4 \times 10^{-4}$. Un ordre de grandeur de 0,000 24 est 2×10^{-4}.
3. $7\ 898{,}12 = 7{,}898\,12 \times 10^{3}$. Un ordre de grandeur de 7 898,12 est 7×10^{3}.
4. $0{,}000\,007\,35 = 7{,}35 \times 10^{-6}$. Un ordre de grandeur de 0,000 007 35 est 7×10^{-6}.

EXERCICE RÉSOLU 3

Énoncé

Donner l'écriture décimale des notations scientifiques suivantes.

1. $7{,}31 \times 10^{7}$
2. $2{,}491 \times 10^{-5}$
3. $4{,}079\,12 \times 10^{4}$
4. $9{,}93 \times 10^{-4}$

Résolution

1. $7{,}31 \times 10^{7} = 73\ 100\ 000$
2. $2{,}491 \times 10^{-5} = 0{,}000\,024\,91$
3. $4{,}079\,12 \times 10^{4} = 40\ 791{,}2$
4. $9{,}93 \times 10^{-4} = 0{,}000\,993$

EXERCICE RÉSOLU 4

Énoncé

Donner la réponse à chacune des questions suivantes en notation scientifique.

1. Le diamètre d'un cheveu est 63 µm. Quel est son diamètre en m ?
2. Le virus ourlien, responsable des oreillons, mesure environ 200 nm de diamètre. Quel est son diamètre en m ?
3. La centrale hydroélectrique de Serre-Ponçon produit en moyenne 720 GWh (gigawatt-heure) d'électricité par an. Quelle est sa production moyenne annuelle en Wh ?
4. Un fournisseur d'accès à Internet propose un débit maximal de 202,65 Mb/s (mégabits par seconde). Quel est le débit maximal proposé en b/s ?

Résolution

1. $63\ \mu m = 63 \times 10^{-6} = 0{,}000\,063 = 6{,}3 \times 10^{-5}$ m.
Le diamètre d'un cheveu est $6{,}3 \times 10^{-5}$ m.
2. $200\ nm = 200 \times 10^{-9}\ m = 0{,}0000002\ m = 2 \times 10^{-7}$ m.
Le diamètre du virus ourlien est 2×10^{-7} m.
3. $720\ GWh = 720 \times 10^{9}\ Wh = 720\ 000\ 000\ 000\ Wh = 7{,}2 \times 10^{11}$ Wh.
La production annuelle moyenne de la centrale hydroélectrique de Serre-Ponçon est $7{,}2 \times 10^{11}$ Wh.
4. $202{,}65\ Mb/s = 202{,}65 \times 10^{6}\ b/s = 202\ 650\ 000\ b/s = 2{,}026\,5 \times 10^{8}$ b/s.
Ce fournisseur d'accès à Internet propose un débit maximal de $2{,}026\,5 \times 10^{8}$ b/s.

Opérations sur les puissances de 10

- À revoir
- OK

16

COURS

- Soit n et p deux entiers relatifs.

$$10^n \times 10^p = 10^{n+p} \qquad \frac{10^n}{10^p} = 10^{n-p} \qquad (10^n)^p = 10^{n \times p}$$

Exemples :

$10^3 \times 10^{-5} = 10^{3-5} = 10^{-2}$ $\quad \frac{10^6}{10^9} = 10^{6-9} = 10^{-3}$ $\quad (10^2)^4 = 10^{2\times 4} = 10^8$

EXERCICE RÉSOLU 1

Énoncé

Écrire sous la forme d'une puissance de 10.

$A = 10^4 \times 10^7$ $\quad B = 10^2 \times 10^{-4}$ $\quad C = \frac{10^{11}}{10^6}$

$D = \frac{10^2}{10^{-5}}$ $\quad E = (10^3)^5$ $\quad F = (10^{-2})^3$

Résolution

$A = 10^4 \times 10^7 = 10^{11}$ $\quad B = 10^2 \times 10^{-4} = 10^{-2}$ $\quad C = \frac{10^{11}}{10^6} = 10^5$

$D = \frac{10^2}{10^{-5}} = 10^7$ $\quad E = (10^3)^5 = 10^{15}$ $\quad F = (10^{-2})^3 = 10^{-6}$

EXERCICE RÉSOLU 2

Énoncé

Écrire sous la forme d'une puissance de 10.

$A = 10^3 \times 10^{-5} \times 10^8$ $\quad B = \frac{10^5 \times 10^7}{10^6}$ $\quad C = \frac{10^5 \times (10^2)^3}{10^6 \times 10^{-5}}$

Résolution

$A = 10^3 \times 10^{-5} \times 10^8$

$= 10^{-2} \times 10^8$

$= 10^6$

$B = \frac{10^5 \times 10^7}{10^6}$

$= \frac{10^{12}}{10^6}$

$= 10^6$

$C = \frac{10^5 \times (10^2)^3}{10^6 \times 10^{-5}}$

$= \frac{10^{-4} \times 10^6}{10^1}$

$= \frac{10^2}{10^1} = 10^1$

EXERCICE RÉSOLU 3

Énoncé

Calculer et donner le résultat sous la forme d'un nombre décimal.

$A = 2 \times 10^2 - 4 \times 10^{-1}$

$B = \dfrac{7\times10^2+3\times10^1+3\times10^{-1}}{10^2}$

Résolution

$A = 2 \times 10^2 - 4 \times 10^{-1}$

$= 200 - 0,4 = 199,6$

$B = \dfrac{7\times10^2+3\times10^1+3\times10^{-1}}{10^2}$

$= \dfrac{700+30+0,3}{100} = 7,303$

EXERCICE RÉSOLU 4

Énoncé

Calculer et donner le résultat en notation scientifique.

$A = 8\times10^{-8}\times3,2\times10^4$

$B = \dfrac{3,6\times10^9}{9\times10^3}$

$C = \dfrac{3,5\times10^8\times9\times10^{-4}}{7\times10^{11}}$

Résolution

$A = 8\times10^{-8}\times3,2\times10^4$

$= 25,6\times10^{-4}$

$= 0,002\,56$

$= 2,56\times10^{-3}$

$B = \dfrac{3,6\times10^9}{9\times10^3}$

$= 0,4\times10^6$

$= 400\,000$

$= 4\times10^5$

$C = \dfrac{3,5\times10^8\times9\times10^{-4}}{7\times10^{11}}$

$= \dfrac{31,5\times10^4}{7\times10^{11}}$

$= 4,5\times10^{-7}$

EXERCICE RÉSOLU 5

Énoncé

Junon, une sonde d'observation de Jupiter, a atteint la vitesse de $2,65 \times 10^5$ km/h. En 2016, la planète Proxima b a été découverte près de l'étoile Proxima du Centaure à seulement 4×10^{13} km de la Terre ! En imaginant un vaisseau spatial capable de voler à la vitesse de la sonde Junon, combien d'années faudrait-il pour rallier Proxima b ?

Résolution

$t = \dfrac{d}{v} = \dfrac{4\times10^{13}}{2,65\times10^5} \approx 1,51\times10^8 \approx 151\ 000\ 000$. Il faudrait 151 000 000 heures pour rejoindre Proxima b. Dans une année, il y a environ $365,25 \times 24 = 8\ 766$ heures.

$151\ 000\ 000 \div 8\ 766 \approx 17\ 226$.

Il faudra environ 17 226 ans pour rejoindre la planète Proxima b !

NOMBRES ET CALCULS

1 Parmi les entiers suivants, celui qui n'est pas premier est :

- a. 39
- b. 29
- c. 19

2 Le plus grand diviseur commun de 24 et 18 est :

- a. 1
- b. 72
- c. 6

3 Parmi les fractions suivantes, celle qui est irréductible est :

- a. $\frac{45}{33}$
- b. $\frac{24}{25}$
- c. $\frac{75}{25}$

4 La décomposition en produit de facteurs premiers est 180 :

- a. $2 \times 3 \times 5$
- b. $2^2 \times 3^2 \times 5$
- c. $4 \times 9 \times 5$

5 $-\frac{3}{4}+\frac{1}{6}$ est égal à :

- a. $-\frac{7}{12}$
- b. $-\frac{2}{10}$
- c. $-\frac{11}{12}$

6 Écrit sous forme d'une fraction irréductible, le produit $\frac{7}{8} \times \frac{16}{21}$ est égal à :

- a. $\frac{112}{168}$
- b. $\frac{7}{2}$
- c. $\frac{2}{3}$

7 L'inverse de $\frac{8}{5}$ est :

- a. $-\frac{8}{5}$
- b. 0,625
- c. $-\frac{5}{8}$

8 Écrit sous forme d'une fraction irréductible, le quotient $\frac{9}{20} \div \frac{12}{35}$ est égal à :

- a. $\frac{175}{27}$
- b. $\frac{16}{21}$
- c. $\frac{21}{16}$

9 $\frac{3}{2}-\frac{1}{2} \div \frac{7}{4}$ est égal à :

- a. $\frac{17}{14}$
- b. $\frac{4}{7}$
- c. $\frac{7}{4}$

10 $(5\sqrt{3})^2$ est égal à :

- a. 45
- b. 15
- c. 75

11 $(-2)^4$ est égal à :

- a. -16
- b. 16
- c. -8

12 La notation scientifique de 0,024 est :

- a. $2,4 \times 10^2$
- b. $2,4 \times 10^{-2}$
- c. $2,4 \times 10^3$

13 $\frac{10^3}{10^5}$ est égal à :

- a. 10^2
- b. 10^7
- c. 10^{-2}

Corrigés au verso

Corrigés

1 > a. 39 = 3 × 13 donc 39 n'est pas un nombre premier.

Voir **Fiche 6**

2 > c. Les diviseurs de 24 sont 1 ; 2 ; 3 ; 4 ; 6 ; 8 ; 12 ; 24.
Les diviseurs de 18 sont 1 ; 2 ; 3 ; 6 ; 9 ; 18.
Le plus grand diviseur commun de 24 et 18 est 6.

Voir **Fiche 7**

3 > b. La fraction $\frac{45}{33}$ se simplifie par 3 et la fraction $\frac{75}{25}$ se simplifie par 5.
La fraction qui est irréductible est donc $\frac{24}{25}$.

Voir **Fiche 7**

4 > b. $180 = 18 \times 10 = 2 \times 9 \times 2 \times 5 = 2 \times 3 \times 3 \times 2 \times 5$
$= 2^2 \times 3^2 \times 5$

Voir **Fiche 6**

5 > a. $\frac{3}{4}+\frac{1}{6}=-\frac{3\times3}{4\times3}+\frac{1\times2}{6\times2}=-\frac{9}{12}+\frac{2}{12}=\frac{-9+2}{12}=-\frac{7}{12}$

Voir **Fiche 8**

6 > c. $\frac{7}{8}\times\frac{16}{21}=\frac{\cancel{7}\times2\times\cancel{8}}{\cancel{8}\times\cancel{7}\times3}=\frac{2}{3}$

Voir **Fiche 9**

7 > b. L'inverse de $\frac{8}{5}$ est $\frac{5}{8}=0{,}625$.

Voir **Fiche 10**

8 > c. $\frac{9}{20}\div\frac{12}{35}=\frac{9}{20}\times\frac{35}{12}=\frac{\cancel{3}\times3\times7\times\cancel{5}}{\cancel{5}\times4\times\cancel{3}\times4}=\frac{21}{16}$

Voir **Fiche 11**

9 > a. $\frac{3}{2}-\frac{1}{2}\div\frac{7}{4}=\frac{3}{2}-\frac{1}{2}\times\frac{4}{7}=\frac{3}{2}-\frac{1}{2}\times\frac{4}{7}=\frac{3}{2}-\frac{1\times2\times\cancel{2}}{7\times\cancel{2}}=\frac{3}{2}-\frac{2}{7}=\frac{3\times2}{2\times7}-\frac{2\times2}{7\times2}$
$=\frac{21}{14}-\frac{4}{14}=\frac{17}{14}$

Voir **Fiches 8, 11**

10 > c. $\left(5\sqrt{3}\right)^2=5\sqrt{3}\times5\sqrt{3}=5\times5\times\sqrt{3}\times\sqrt{3}=25\times\left(\sqrt{3}\right)^2=25\times3=75$

Voir **Fiches 12**

11 > b. $(-2)^4 = -2 \times (-2) \times (-2) \times (-2) = 16$

Voir **Fiche 14**

12 > b. $0{,}024 = 2{,}4 \times 10^{-2}$

Voir **Fiche 15**

13 > c. $\frac{10^3}{10^5}=10^{3-5}=10^{-2}$

Voir **Fiche 16**

Réduire une expression littérale

☐ À revoir
☐ OK

17

COURS

- Dans une expression, on peut supprimer des parenthèses et le signe qui les précède :

– en changeant tous les signes à l'intérieur des parenthèses quand elles sont précédées du signe – ;

Exemples :

$5x - (3x - 2) = 5x - 3x + 2 = 2x + 2$

$8x^2 - (-3 + 4x) = 8x^2 + 3 - 4x = 8x^2 - 4x + 3$

– en ne changeant pas les signes à l'intérieur des parenthèses quand elles sont précédées du signe +.

Exemples :

$8 + (-2x - 3) = 8 - 2x - 3 = -2x + 5$

$4x + (7x + 2) = 4x + 7x + 2 = 11x + 2$

EXERCICE RÉSOLU 1

Énoncé

Supprimer les parenthèses puis réduire les expressions littérales suivantes.

$A = 15 - (4x - 3)$ $\quad B = (7x - 6) + (9 - 4x)$ $\quad C = (5 - 2x) - (3x + 2)$

$D = (4x^2 - 5x - 2) - (7x^2 + 2x - 3)$ $\quad E = 6 + x^2 + (9 - 6x + x^2)$

Résolution

$A = 15 - (4x - 3)$
$ = 15 - 4x + 3$
$ = 18 - 4x$

$B = (7x - 6) + (9 - 4x)$
$ = 7x - 6 + 9 - 4x$
$ = 3x + 3$

$C = (5 - 2x) - (3x + 2)$
$ = 5 - 2x - 3x - 2$
$ = -5x + 3$

$D = (4x^2 - 5x - 2) - (7x^2 + 2x - 3)$
$ = 4x^2 - 5x - 2 - 7x^2 - 2x + 3$
$ = -3x^2 - 7x + 1$

$E = 6 + x^2 + (9 - 6x + x^2)$
$ = 6 + x^2 + 9 - 6x + x^2$
$ = 2x^2 - 6x + 15$

EXERCICE RÉSOLU 2

Énoncé

En suivant la règle ci-contre, compléter chacune des briques du mur ci-après.

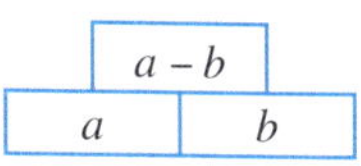

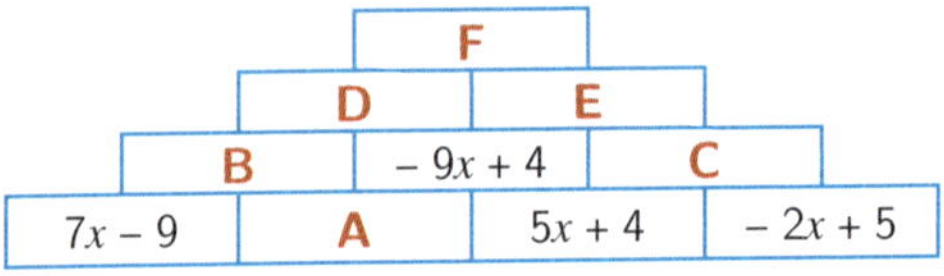

Résolution

A. $(-9x+4)+(5x+4)=-9x+4+5x+4=-4x+8$
B. $(7x-9)-(-4x+8)=7x-9+4x-8=11x-17$
C. $(5x+4)-(-2x+5)=5x+4+2x-5=7x-1$
D. $(11x-17)-(-9x+4)=11x-17+9x-4=20x-21$
E. $(-9x+4)-(7x-1)=-9x+4-7x+1=-16x+5$
F. $(20x-21)-(-16x+5)=20x-21+16x-5=36x-26$

EXERCICE RÉSOLU 3

Énoncé

En exécutant les programmes ci-dessous, quelle conjecture peut-on émettre ? La démontrer.

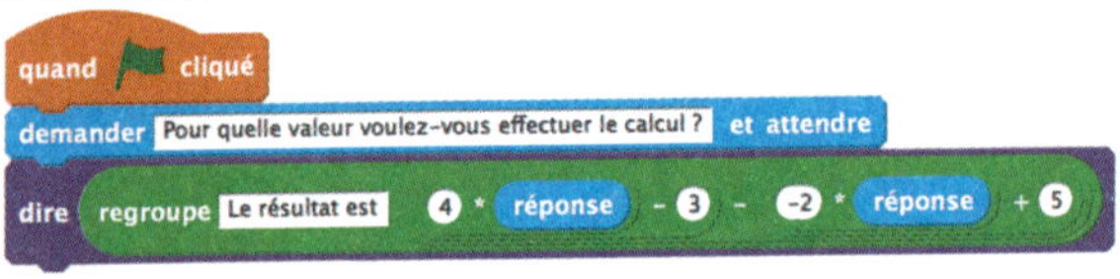

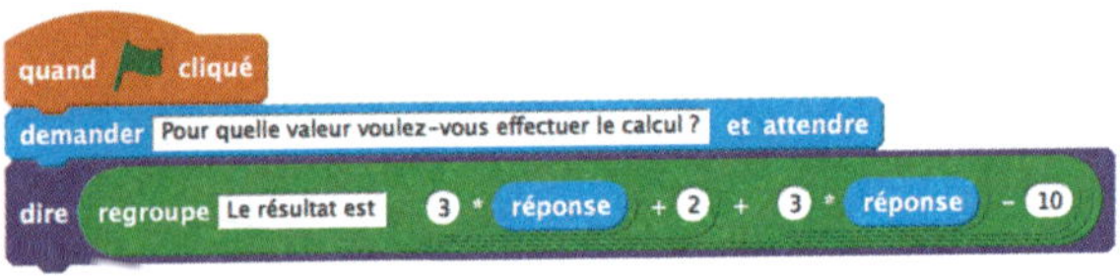

Résolution

En exécutant chacun des deux programmes pour différentes valeurs, on peut émettre la conjecture qu'ils donnent le même résultat quelle que soit la valeur saisie.

Si on note x le nombre saisi au début de chacun des programmes :

– le résultat du premier programme est $(4x-3)-(-2x+5)$;

– le résultat du second programme est $(3x+2)+(3x-10)$.

Or, $(4x-3)-(-2x+5)=4x-3+2x-5=6x-8$ et

$(3x+2)+(3x-10)=3x+2+3x-10=6x-8$.

Ainsi, les deux programmes donnent le même résultat quel que soit le nombre choisi au départ.

Développer en utilisant la simple distributivité

☐ À revoir
☐ OK

18

COURS

- **Développer** une expression, c'est **l'écrire sous forme d'une somme**.
- Si a, b et k sont trois nombres relatifs, alors $k(a + b) = ka + kb$.

Le nombre k, qui dans le membre de droite de l'identité ci-dessus, multiplie les nombres a et b, est appelé le facteur commun.

- Quand on utilise cette identité de la gauche vers la droite, on **développe** en utilisant la simple distributivité.

Exemple :

$$A = 5x(4x - 3) = 5x \times 4x + 5x \times (-3) = 20x^2 - 15x$$

EXERCICE RÉSOLU 1

Énoncé

Développer et réduire les expressions littérales suivantes.

$A = -5(x + 2)$ $\quad$ $B = (4x - 3) \times 2$ $\quad$ $C = x(x - 8)$

$D = 7x(5x + 2)$ $\quad$ $E = (8 - 2x) \times x$ $\quad$ $F = -3x(4x - 1)$

Résolution

$A = -5(x + 2)$
$= -5 \times x - 5 \times 2$
$= -5x - 10$

$B = (4x - 3) \times 2$
$= 2 \times 4x + 2 \times (-3)$
$= 8x - 6$

$C = x(x - 8)$
$= x \times x + x \times (-8)$
$= x^2 - 8x$

$D = 7x(5x + 2)$
$= 7x \times 5x + 7x \times 2$
$= 35x^2 + 14x$

$E = (8 - 2x) \times x$
$= x \times 8 + x \times (-2x)$
$= 8x - 2x^2$

$F = -3x(4x - 1)$
$= -3x \times 4x - 3x \times (-1)$
$= -12x^2 + 3x$

EXERCICE RÉSOLU 2

Énoncé

Développer et réduire les expressions littérales suivantes.

$A = 7x - x(x - 5)$ $\quad$ $B = 5(3x + 2) + 3x(2x - 5)$

$C = 2x(x - 4) + 7x(3 - 4x)$ $\quad$ $D = 2x(2x + 1) - 2x(2x - 1)$

Résolution

$A = 7x - x(x - 5)$
$= 7x - x \times x - x \times (-5)$
$= 7x - x^2 + 5x$
$= -x^2 + 12x$

$B = 5(3x + 2) + 3x(2x - 5)$
$= 5 \times 3x + 5 \times 2 + 3x \times 2x + 3x \times (-5)$
$= 15x + 10 + 6x^2 - 15x$
$= 15x + 10 + 6x^2 - 15x$
$= 6x^2 + 10$

$C = 2x(x - 4) + 7x(3 - 4x)$
$= 2x \times x + 2x \times (-4) + 7x \times 3 + 7x \times (-4x)$
$= 2x^2 - 8x + 21x - 28x^2$
$= -26x^2 + 13x$

$D = 2x(2x + 1) - 2x(2x - 1)$
$= 2x \times 2x + 2x \times 1 - 2x \times 2x - 2x \times (-1)$
$= 4x^2 + 2x - 4x^2 + 2x$
$= 4x$

EXERCICE RÉSOLU 3

Énoncé

Parmi les expressions littérales suivantes, quelles sont celles qui représentent une grandeur du rectangle ci-contre ?
Préciser laquelle.

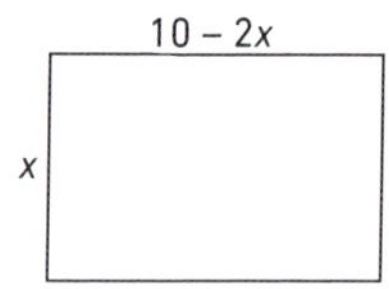

1. $x(10 - 2x)$ **2.** $2(10 - x)$
3. $x \times 10 - 2x$ **4.** $10x - 2x^2$
5. $2x + 2(10 - 2x)$ **6.** $20 - 2x$

Résolution

$x(10 - 2x)$ est le produit de la largeur du rectangle par la longueur du rectangle donc cette expression représente l'aire du rectangle.
De plus, $x(10 - 2x) = x \times 10 + x \times (-2x) = 10x - 2x^2$ donc les expressions **1.** et **4.** représentent l'aire du rectangle.
$2x + 2(10 - 2x)$ est la somme du double de la largeur et du double de la longueur du rectangle donc c'est le périmètre du rectangle.
De plus, $2x + 2(10 - 2x) = 2x + 2 \times 10 + 2 \times (-2x) = 2x + 20 - 4x = 20 - 2x$ et $2(10 - x) = 2 \times 10 + 2 \times (-x) = 20 - 2x$ donc les expressions **2.**, **5.** et **6.** représentent le périmètre du rectangle.
L'expression **3.** ne représente rien de particulier pour ce rectangle.

Développer en utilisant la double distributivité

☐ À revoir
☐ OK

19

COURS

- Si a, b, c et d sont quatre nombres relatifs, alors :

$$(a+b)(c+d) = ac + ad + bc + bd$$

Quand on utilise cette identité de la gauche vers la droite, on développe en utilisant la double distributivité.

Exemple : B = $(2x - 1)(3x + 7)$

$= 2x \times 3x + 2x \times 7 - 1 \times 3x - 1 \times 7$
$= 6x^2 + 14x - 3x - 7$
$= 6x^2 + 11x - 7$

EXERCICE RÉSOLU 1

Énoncé

Développer et réduire les expressions littérales suivantes.

A = $(x + 3)(x + 2)$ B = $(x - 5)(x + 1)$ C = $(x - 4)(x - 9)$
D = $(2x + 1)(x - 7)$ E = $(3x - 4)(2x - 5)$ F = $(8x - 3)(7x + 9)$

Résolution

A = $(x + 3)(x + 2)$
$= x \times x + x \times 2 + 3 \times x + 3 \times 2$
$= x^2 + 2x + 3x + 6$
$= x^2 + 5x + 6$

B = $(x - 5)(x + 1)$
$= x \times x + x \times 1 - 5 \times x - 5 \times 1$
$= x^2 + x - 5x - 5$
$= x^2 - 4x - 5$

C = $(x - 4)(x - 9)$
$= x \times x + x \times (-9) - 4 \times x - 4 \times (-9)$
$= x^2 - 9x - 4x + 36$
$= x^2 - 13x + 36$

D = $(2x + 1)(x - 7)$
$= 2x \times x + 2x \times (-7) + 1 \times x + 1 \times (-7)$
$= 2x^2 - 14x + x - 7$
$= 2x^2 - 13x - 7$

E = $(3x - 4)(2x - 5)$
$= 3x \times 2x + 3x \times (-5) - 4 \times 2x - 4 \times (-5)$
$= 6x^2 - 15x - 8x + 20 = 6x^2 - 23x + 20$

F = $(8x - 3)(7x + 9)$
$= 8x \times 7x + 8x \times 9 - 3 \times 7x - 3 \times 9$
$= 56x^2 + 72x - 21x - 27 = 56x^2 + 51x - 27$

EXERCICE RÉSOLU 2

Énoncé

Développer et réduire les expressions littérales suivantes.

$A = (2x - 1)(3x + 5) - 2x(x - 3)$ $B = (4x - 5)(x + 8) + (2x - 3)(5x - 1)$

$C = (7x + 4)(4x - 3) - (x + 2)(8x + 1)$

Résolution

$A = (2x - 1)(3x + 5) - 2x(x - 3)$
$= 2x \times 3x + 2x \times 5 - 1 \times 3x - 1 \times 5 - 2x \times x - 2x \times (-3)$
$= 6x^2 + 10x - 3x - 5 - 2x^2 + 6x$
$= 4x^2 + 13x - 5$

$B = (4x - 5)(x + 8) + (2x - 3)(5x - 1)$
$= 4x \times x + 4x \times 8 - 5 \times x - 5 \times 8 + 2x \times 5x + 2x \times (-1) - 3 \times 5x - 3 \times (-1)$
$= 4x^2 + 32x - 5x - 40 + 10x^2 - 2x - 15x + 3 = 14x^2 + 10x - 37$

$C = (7x + 4)(4x - 3) - (x + 2)(8x + 1)$
$= (7x \times 4x + 7x \times (-3) + 4 \times 4x + 4 \times (-3)) - (x \times 8x + x \times 1 + 2 \times 8x + 2 \times 1)$
$= (28x^2 - 21x + 16x - 12) - (8x^2 + x + 16x + 2)$
$= (28x^2 - 5x - 12) - (8x^2 + 17x + 2)$
$= 28x^2 - 5x - 12 - 8x^2 - 17x - 2 = 20x^2 - 22x - 14$

EXERCICE RÉSOLU 3

Énoncé

Deux nombres ont une somme égale à 500. Quand on augmente chacun de ces deux nombres de 12, de combien augmente leur produit ?

Résolution

Si on choisit 388 et 112, alors 388 × 112 = 43 456.
(388 + 12)(112 + 12) = 400 × 124 = 49 600
Or, 47005 – 43 456 = 6 144
À l'aide de quelques exemples supplémentaires, on peut conjecturer que lorsqu'on augmente chacun de ces nombres de 12, leur produit augmente de 6 144. Il faut maintenant le démontrer dans tous les cas.
Soit a et b ces deux nombres.

Leur somme est égale à 500, donc $a + b = 500$. Leur produit est ab.

$(a + 12)(b + 12) = a \times b + a \times 12 + 12 \times b + 12 \times 12$
$= ab + 12a + 12b + 144 = ab + 12(a + b) + 144$
$= ab + 12 \times 500 + 144 = ab + 6\,000 + 144$
$= ab + 6\,144$

Factoriser

☐ À revoir
☐ OK

20

COURS

▶ Vidéo

- Factoriser une expression, c'est **l'écrire sous forme d'un produit**.

- Quand on utilise l'identité $k(a + b) = ka + kb$, où a, b et k sont trois nombres relatifs, de la droite vers la gauche, on **factorise** en utilisant la **simple distributivité par reconnaissance du facteur commun** k.

Exemples :

$A = 12x^2 + 8x$
$= 4x \times 3x + 4x \times 2$
$= 4x(3x + 2)$

$B = (2x + 1)(x - 3) - (2x + 1)(2x + 5)$
$= (2x + 1)[(x - 3) - (2x + 5)]$
$= (2x + 1)(x - 3 - 2x - 5)$
$= (2x + 1)(-x - 8)$

- Si a et b sont des nombres relatifs alors $(a + b)(a - b) = a^2 - b^2$. Quand on utilise cette identité de la droite vers la gauche, on factorise en utilisant une identité remarquable.

Exemples :

$A = x^2 - 9$
$= x^2 - 3^2$
$= (x + 3)(x - 3)$

$B = 16x^2 - 25$
$= (4x)^2 - 5^2$
$= (4x + 5)(4x - 5)$

$C = (2x - 3)^2 - (x + 5)^2$
$= [(2x - 3) + (x + 5)][(2x - 3) + (x + 5)]$
$= (2x - 3 + x + 5)(2x - 3 - x - 5)$
$= (3x + 2)(x - 8)$

EXERCICE RÉSOLU 1

Énoncé

Factoriser les expressions suivantes.

$A = 24x - 16$ $\qquad$ $B = x^2 - 7x$ $\qquad$ $C = 5x^2 + 15x$

Résolution

$A = 24x - 16$
$= 8 \times 3x - 8 \times 2$
$= 8(3x - 2)$

$B = x^2 - 7x$
$= x \times x - x \times 7$
$= x(x - 7)$

$C = 5x^2 + 15x$
$= 5x \times x + 5x \times 3$
$= 5x(x + 3)$

EXERCICE RÉSOLU 2

Énoncé

Factoriser les expressions suivantes.

$A = (x - 3)(4x - 5) + (x - 3)(3x + 2)$ $\qquad$ $C = (2x + 1)^2 - (2x + 1)(8x + 7)$

Résolution

$A = (x - 3)(4x - 5) + (x - 3)(3x + 2)$
$= (x - 3)[(4x - 5) + (3x + 2)]$
$= (x - 3)(4x - 5 + 3x + 2)$
$= (x - 3)(7x - 3)$

$C = (2x + 1)^2 - (2x + 1)(8x + 7)$
$= (2x + 1)(2x + 1) - (2x + 1)(8x + 7)$
$= (2x + 1)[(2x + 1) - (8x + 7)]$
$= (2x + 1)(2x + 1 - 8x - 7)$
$= (2x + 1)(- 6x - 6)$

EXERCICE RÉSOLU 3

Énoncé

Factoriser les expressions suivantes.

$A = x^2 - 49$ $\quad B = 4x^2 - 81$ $\quad C = x^2 - 64$

Résolution

$A = x^2 - 49$
$= x^2 - 7^2$
$= (x + 7)(x - 7)$

$B = 4x^2 - 81$
$= (2x)^2 - 9^2$
$= (2x + 9)(2x - 9)$

$C = x^2 - 64$
$= x^2 - 8^2$
$= (x + 8)(x - 8)$

EXERCICE RÉSOLU 4

Énoncé

Factoriser les expressions suivantes.

$A = (x - 2)^2 - 25$ $\quad B = (2x - 3)^2 - (x + 3)^2$

Résolution

$A = (x - 2)^2 - 25$
$= (x - 2)^2 - 5^2$
$= [(x - 2) + 5][(x - 2) - 5]$
$= [x - 2 + 5][x - 2 - 5]$
$= (x + 3)(x - 7)$

$B = (2x - 3)^2 - (x + 3)^2$
$= [(2x - 3) + (x + 3)][(2x - 3) - (x + 3)]$
$= (2x - 3 + x + 3)(2x - 3 - x - 3)$
$= 3x(x - 6)$

EXERCICE RÉSOLU 5

Énoncé

Calculer mentalement.

1. $142 \times 73 + 27 \times 142$
2. $51^2 - 49^2$

Résolution

1. $142 \times 73 + 27 \times 142 = 142 \times (73 + 27) = 142 \times 100 = 14\,200$
2. $51^2 - 49^2 = (51 + 49) \times (51 - 49) = 100 \times 2 = 200$

Utiliser le calcul littéral pour démontrer un résultat général

À revoir
OK

21

COURS

- Le calcul littéral est un outil efficace pour **démontrer un résultat général**, c'est-à-dire un résultat valable pour tous les nombres vérifiant les mêmes propriétés.

Exemple : On peut démontrer que le carré d'un nombre pair est pair en utilisant le calcul littéral.

Soit n un entier pair quelconque.

n est un multiple de 2 donc il peut s'écrire sous la forme $2k$ où k est un entier quelconque. Le carré de n est donc égal à $(2k)^2$.

Ainsi, $n^2 = (2k)^2 = 2k \times 2k = 4k^2 = 2 \times 2k^2$ donc n^2 est un multiple de 2. n^2 est donc pair.

Le raisonnement précédent ne dépendant pas de la valeur de l'entier n choisi, il est donc valable pour tous les entiers pairs.

On a ainsi démontré que le carré d'un entier pair est pair.

EXERCICE RÉSOLU 1

Énoncé

Démontrer que la somme de trois entiers consécutifs est un multiple de 3.

Résolution

Soit n le plus petit des trois entiers consécutifs. L'entier du « milieu » est donc $n + 1$ et le plus grand est $n + 2$.

La somme de ces trois entiers consécutifs est :

$n + (n + 1) + (n + 2) = n + n + 1 + n + 2 = 3n + 3 = 3(n + 1)$

La somme de ces trois entiers consécutifs est le triple de l'entier $n + 1$ donc c'est un multiple de 3.

Ainsi, la somme de trois entiers consécutifs est un multiple de 3.

EXERCICE RÉSOLU 2

Énoncé

La différence des carrés de deux entiers consécutifs est-elle paire ? impaire ? ni l'un ni l'autre ?

Résolution

$5^2 - 4^2 = 25 - 16 = 9$ $\quad$ $31^2 - 30^2 = 961 - 900 = 61$

$212^2 - 211^2 = 44\ 944 - 44\ 521 = 423$

$1524^2 - 1523^2 = 2\ 322\ 576 - 2\ 319\ 529 = 3\ 047$

À partir de ces essais, on peut donc émettre la conjecture que la différence des carrés de deux entiers consécutifs est impaire.

Soit n le plus petit des deux entiers. Celui qui le suit est $n + 1$.

La différence des carrés de ces deux entiers est $(n + 1)^2 - n^2$.

Or, $(n + 1)^2 - n^2 = n^2 + 2n + 1 - n^2 = n^2 + 2n + 1 - n^2 = 2n + 1$

La différence des carrés des entiers $n + 1$ et n est donc un entier impair.

Ainsi, la différence des carrés de deux entiers consécutifs est impaire.

EXERCICE RÉSOLU 3

Énoncé

On isole un carré quelconque de 3 jours par 3 jours dans un calendrier d'ordinateur. On effectue ensuite le produit des deux cases vertes auquel on soustrait le produit des deux cases bleues.

Quelle conjecture peut-on émettre sur cette différence quel que soit le carré choisi ? Démontrer la conjecture émise.

lu	ma	me	je	ve	sa	di
29	30	31	1	2	3	4
5	6	7	8	9	10	11
12	13	14	15	16	17	18
19	20	21	22	23	24	25
26	27	28	29	30	1	2

Résolution

En effectuant des essais pour différents carrés, on peut émettre la conjecture que cette différence est toujours égale à 28. Par exemple, pour le carré de l'énoncé, cette différence est $9 \times 21 - 7 \times 23 = 28$.

Démontrons cette conjecture pour n'importe quel carré de 3 jours par 3 jours choisi dans un calendrier quelconque de ce format.

n		$n + 2$
$n + 14$		$n + 16$

Notons n le numéro du jour dont le numéro est le plus petit. Le suivant est $n + 2$. Le suivant est $n + 14$ et le dernier est $n + 16$.

La différence entre les produits des entiers situés aux extrémités des diagonales est :

$$\begin{aligned}(n + 2)(n + 14) - n \times (n + 16) &= n \times n + n \times 14 + 2 \times n + 2 \times 14 - n \times n - n \times 16 \\ &= n^2 + 14n + 2n + 28 - n^2 - 16n \\ &= 28\end{aligned}$$

Ainsi, quel que soit le carré de 3 jours par 3 jours choisi, la différence des produits des entiers situés aux diagonales est toujours égale à 28.

Les équations

À revoir
OK

22

COURS

- Une équation d'inconnue x est une égalité qui peut être vraie ou fausse selon les valeurs de x.

Exemples :

$3x - 4 = -2x + 6$, $(3x + 5)(4x - 1) = 0$ et $2x^2 - 3x + 2 = 2x - 1$ sont des équations d'inconnue x.

- On appelle solution de l'équation toute valeur de l'inconnue qui rend l'égalité vraie.

Exemple :

Si $x = \frac{3}{2}$, alors $2x^2 - 3x + 2 = 2$ et $2x - 1 = 2$, donc $2x^2 - 3x + 2 = 2x - 1$.

Ainsi, $\frac{3}{2}$ est une solution de l'équation $2x^2 - 3x + 2 = 2x - 1$.

EXERCICE RÉSOLU 1

Énoncé

Répondre aux questions suivantes sans résoudre les équations.

1. 1 est-il solution de l'équation $4x - 3 = 5$?

2. $-4{,}4$ est-il solution de l'équation $-2x - 7 = 3x + 15$?

3. $\frac{1}{3}$ est-il solution de l'équation $3x^2 + x - 1 = -4x + 1$?

4. $\frac{2}{7}$ est-il solution de l'équation $(x - 1)(7x + 2) = 0$?

Résolution

1. Si $x = 1$, $4x - 3 = 4 \times 1 - 3 = 4 - 3 = 1$, donc 1 n'est pas une solution de l'équation.

2. Si $x = -4{,}4$, $-2x - 7 = -2 \times (-4{,}4) - 7 = 8{,}8 - 7 = 1{,}8$

$3x + 15 = 3 \times (-4{,}4) + 15 = -13{,}2 + 15 = 1{,}8$,

donc $-4{,}4$ est une solution de l'équation.

3. Si $x = \frac{1}{3}$, $3x^2 + x - 1 = 3\left(\frac{1}{3}\right)^2 + \frac{1}{3} - 1 = 3 \times \frac{1}{9} + \frac{1}{3} - 1 = \frac{1}{3} + \frac{1}{3} - 1 = -\frac{1}{3}$

$-4x + 1 = -4 \times \frac{1}{3} + 1 = -\frac{4}{3} + 1 = -\frac{1}{3}$, donc $\frac{1}{3}$ est une solution de l'équation.

4. Si $x = \frac{2}{7}$, $(x-1)(7x+2) = \left(\frac{2}{7} - 1\right)\left(7 \times \frac{2}{7} + 2\right) = \left(-\frac{5}{7}\right)(2+2) = -\frac{20}{7}$,

donc $\frac{2}{7}$ n'est pas une solution de l'équation.

EXERCICE RÉSOLU 2

Énoncé

Jade a réalisé la feuille de calcul ci-dessous.

	A	B	C
1	**x**	**7x - 2**	**5x + 3**
2	-3	-23	-12
3	-2,5	-19,5	-9,5
4	-2	-16	-7
5	-1,5	-12,5	-4,5
6	-1	-9	-2
7	-0,5	-5,5	0,5
8	0	-2	3
9	0,5	1,5	5,5
10	1	5	8
11	1,5	8,5	10,5
12	2	12	13
13	2,5	15,5	15,5
14	3	19	18
15	3,5	22,5	20,5
16	4	26	23

1. Quelle formule a-t-elle écrite dans la cellule B2 puis recopiée vers le bas ?
2. Quelle formule a-t-elle écrite dans la cellule C2 puis recopiée vers le bas ?
3. En utilisant la feuille de calcul de Jade, déterminer une solution à chacun des équations suivantes :

a. $7x - 2 = 8{,}5$

b. $5x + 3 = -2$

c. $7x - 2 = 5x + 3$

Résolution

1. Jade a écrit la formule = 7*A2 – 2 dans la cellule B2.
2. Jade a écrit la formule = 5*A2 + 3 dans la cellule C2.
3. **a.** Une solution de l'équation $7x - 2 = 8{,}5$ se situe dans la cellule A11. C'est 1,5.

b. Une solution de l'équation $5x + 3 = -2$ se situe dans la cellule A6.
C'est – 1.

c. Une solution de l'équation $7x - 2 = 5x + 3$ se situe dans la cellule A13. C'est 2,5.

Résoudre une équation du premier degré

☐ À revoir
☐ OK

23

COURS

- Résoudre une équation, c'est trouver **toutes les solutions de l'équation**.

- Une équation est dite du **premier degré** quand elle peut s'écrire sous la forme $ax + b = cx + d$ où a, b, c et d sont quatre nombres tels que $a \neq c$.

Exemples : $3x + 4 = -2x - 6$ et $3(4x - 5) = 8x + 3$ sont des équations du premier degré.

- On ne change pas les solutions d'une équation quand :

– on **additionne ou soustrait un même nombre** dans ses deux membres ;
– on **multiplie ou divise ses deux membres par un même nombre** non nul.

Exemple :

$3x + 4 = -2x - 6$
$3x + 4 + 2x = -2x + 6 + 2x$
$5x + 4 = -6$

En additionnant $2x$ dans les deux membres, on obtient l'équation $5x + 4 = -6$ qui a les mêmes solutions que l'équation $3x + 4 = -2x - 6$.

$5x + 4 - 4 = -6 - 4$
$5x = -10$

En soustrayant 4 dans les deux membres, on obtient l'équation $5x = -10$ qui a les mêmes solutions que l'équation $5x + 4 = -6$.

$\frac{5x}{5} = \frac{-10}{5}$
$x = -2$

En divisant par 5 les deux membres, on obtient l'équation $x = -2$ qui a les mêmes solutions que l'équation $5x = -10$.

La solution de l'équation est 2.

EXERCICE RÉSOLU 1

Énoncé

Associer entre elles les équations qui ont les mêmes solutions.

1. $5x - 3 = 2x + 7$	**a.** $7x - 3 = 7$
2. $2x + 8 = 5$	**b.** $x = 2$
3. $4x - 3 = 2x + 1$	**c.** $3x - 3 = 7$
4. $5x - 3 = -2x + 7$	**d.** $2x = 13$
5. $2x + 1 = 2$	**e.** $2x = -3$
6. $-x - 5 = -3x + 8$	**f.** $x = 0{,}5$

Résolution

1. et **c.** **2.** et **e.** **3.** et **b.** **4.** et **a.** **5.** et **f.** **6.** et **d.**

EXERCICE RÉSOLU 2

Énoncé

Compléter les résolutions d'équations suivantes.

1. $11x+4=5x-8$

$11x+4\ \ldots=5x-8\ \ldots$

$6x+4=-8$

$6x+4\ \ldots=-8\ \ldots$

$6x=-12$

$6x\ \ldots=-12\ \ldots$

$x=-2$

2. $3x-4=-2x+6$

$3x-4\ \ldots=-2x+6\ \ldots$

$5x-4=6$

$5x-4\ \ldots=6\ \ldots$

$5x=10$

$5x\ \ldots=10\ \ldots$

$x=2$

Résolution

1. $11x+4=5x-8$

$11x+4-\mathbf{5x}=5x-8-\mathbf{5x}$

$6x+4=-8$

$6x+4-\mathbf{4}=-8-\mathbf{4}$

$6x=-12$

$\frac{6x}{\mathbf{6}}=\frac{-12}{\mathbf{6}}$

$x=-2$

2. $3x-4=-2x+6$

$3x-4+\mathbf{2x}=-2x+6+\mathbf{2x}$

$5x-4=6$

$5x-4+\mathbf{4}=6+\mathbf{4}$

$5x=10$

$\frac{5x}{\mathbf{5}}=\frac{10}{\mathbf{5}}$

$x=2$

EXERCICE RÉSOLU 3

Énoncé

Résoudre les équations suivantes.

1. $7x-9=4x$

2. $2x-4=3x+4$

Résolution

1. $7x-9=4x$

$7x-9-\mathbf{7x}=4x-\mathbf{7x}$

$-9=-\mathbf{3x}$

$\frac{-9}{\mathbf{-3}}=\frac{-3x}{\mathbf{-3}}$

$3=x$

La solution de l'équation est 3.

2. $2x-4=3x+4$

$2x-4-\mathbf{3x}=3x+4-\mathbf{3x}$

$-x-4=4$

$-x-4+\mathbf{4}=4+\mathbf{4}$

$-x=8$

$x=-8$

La solution de l'équation est – 8.

Résoudre une équation se ramenant à une équation du premier degré

À revoir
OK

24

COURS

- En utilisant le calcul littéral, on peut ramener la résolution de certaines équations à celle d'une équation du premier degré.

Exemple :

$(x-3)(2x-8) = 2x(x-2)$

$x \times 2x + x \times (-8) - 3 \times 2x - 3 \times (-8) = 2x \times x + 2x \times (-2)$

$2x^2 - 8x - 6x + 24 = 2x^2 - 4x$

$2x^2 - 14x + 24 = 2x^2 - 4x$

$2x^2 - 14x + 24 - \mathbf{2x^2} = 2x^2 - 4x - \mathbf{2x^2}$

$-14x + 24 = -4x$

$-14x + 24 + \mathbf{14x} = -4x + \mathbf{14x}$

$24 = 10x$

$\dfrac{24}{\mathbf{10}} = \dfrac{10x}{\mathbf{10}}$

$2{,}4 = x$

La solution de l'équation est 2,4.

EXERCICE RÉSOLU 1

Énoncé

Résoudre les équations suivantes.

1. $-3x + 6 = 7(x-2)$

2. $8x - (8 + 2x) = 3(x+4)$

3. $4x^2 - 6x + 20 = 4x(4 + x)$

4. $13 - (-2x + 6) = 7x - 8$

Résolution

1. $-3x + 6 = 7(x-2)$

$-3x + 6 = 7 \times x + 7 \times (-2)$

$-3x + 6 = 7x - 14$

$-3x + 6 \mathbf{- 7x} = 7x - 14 \mathbf{- 7x}$

$-10x + 6 = -14$

$-10x + 6 \mathbf{- 6} = -14 \mathbf{- 6}$

$-10x = -20$

$\dfrac{-10x}{\mathbf{-10}} = \dfrac{-20}{\mathbf{-10}}$

$x = 2$

La solution de l'équation est 2.

2. $8x - (8 + 2x) = 3(x+4)$

$8x - 8 - 2x = 3 \times x + 3 \times 4$

$6x - 8 = 3x + 12$

$6x - 8 \mathbf{- 3x} = 3x + 12 \mathbf{- 3x}$

$3x - 8 = 12$

$3x - 8 \mathbf{+ 8} = 12 \mathbf{+ 8}$

$3x = 20$

$\dfrac{3x}{\mathbf{3}} = \dfrac{20}{\mathbf{3}}$

$x = \dfrac{20}{3}$

La solution de l'équation est $\dfrac{20}{3}$.

3. $4x^2 - 6x + 20 = 4x(4 + x)$

$4x^2 - 6x + 20 = 4x \times 4 + 4x \times x$

$4x^2 - 6x + 20 = 16x + 4x^2$

$4x^2 - 6x + 20 \mathbf{- 4x^2} = 16x + 4x^2 \mathbf{- 4x^2}$

$-6x + 20 = 16x$

$-6x + 20 \mathbf{+ 6x} = 16x \mathbf{+ 6x}$

$20 = 22x$

$\frac{20}{\mathbf{22}} = \frac{22x}{\mathbf{22}}$

$\frac{10}{\mathbf{11}} = x$

La solution de l'équation est $\frac{10}{11}$.

4. $13 - (-2x + 6) = 7x - 8$

$13 + 2x - 6 = 7x - 8$

$7 + 2x = 7x - 8$

$7 + 2x \mathbf{- 7x} = 7x - 8 \mathbf{- 7x}$

$7 - 5x = -8$

$7 - 5x \mathbf{- 7} = -8 \mathbf{- 7}$

$-5x = -15$

$\frac{-5x}{\mathbf{-5}} = \frac{-15}{\mathbf{-5}}$

$x = 3$

La solution de l'équation est 3.

EXERCICE RÉSOLU 2

Énoncé

Résoudre les équations suivantes.

1. $(4x + 1)(2x - 1) = 8x^2 - 6x$

2. $x^2 + 25 = (6 - x)^2 + 9$

Résolution

1. $(4x + 1)(2x - 1) = 8x^2 - 6x$

$8x^2 - 4x + 2x - 1 = 8x^2 - 6x$

$8x^2 - 2x - 1 = 8x^2 - 6x$

$8x^2 - 2x - 1 \mathbf{- 8x^2} = 8x^2 - 6x \mathbf{- 8x^2}$

$-2x - 1 = -6x$

$-2x - 1 \mathbf{+ 2x} = -6x \mathbf{+ 2x}$

$-1 = -4x$

$\frac{-1}{\mathbf{-4}} = \frac{-4x}{\mathbf{-4}}$

$\frac{1}{4} = x$

La solution de l'équation est $\frac{1}{4}$.

2. $x^2 + 25 = (6 - x)^2 + 9$

$x^2 + 25 = 36 - 12x + x^2 + 9$

$x^2 + 25 = 45 - 12x + x^2$

$x^2 + 25 \mathbf{- x^2} = 45 - 12x + x^2 \mathbf{- x^2}$

$25 = 45 - 12x$

$25 \mathbf{- 45} = 45 - 12x \mathbf{- 45}$

$-20 = -12x$

$\frac{-20}{\mathbf{-12}} = \frac{-12x}{\mathbf{-12}}$

$\frac{5}{3} = x$

La solution de l'équation est $\frac{5}{3}$.

Modéliser une situation par une équation du premier degré

☐ À revoir
☐ OK

25

COURS

- Pour être résolus, certains problèmes peuvent être modélisés par une équation. La résolution du problème suit alors les quatre étapes :

1. Choix de l'inconnue
2. Mise en équation
3. Résolution de l'équation
4. Interprétation de la solution de l'équation

Exemple :

Où faut-il placer le point M sur le segment [AB] pour que le carré et le triangle équilatéral ci-contre aient le même périmètre ?

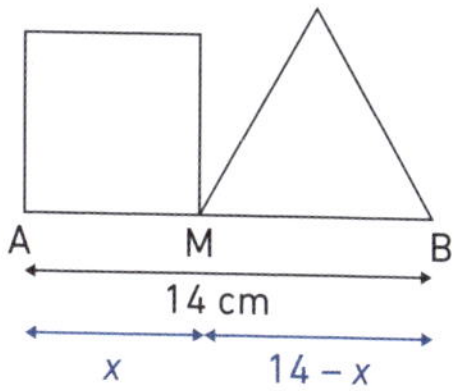

1. On note x la longueur AM.

2. Le périmètre du carré est $4x$. La longueur MB est égale à $14 - x$ donc le périmètre du triangle équilatéral est $3(14 - x)$.

Pour que les périmètres du carré et du triangle équilatéral soient égaux, il faut que $4x = 3(14 - x)$.

3. $4x = 3(14 - x)$

$4x = 3 \times 14 + 3 \times (-x)$

$4x = 42 - 3x$

$4x + 3x = 42 - 3x + 3x$

$7x = 42$

$\frac{7x}{7} = \frac{42}{7}$

$x = 6$

La solution de l'équation est 6.

4. Il faut placer le point M à 6 cm du point A sur le segment [AB].

EXERCICE RÉSOLU 1

Énoncé

Sur le schéma ci-contre, le nombre écrit sur une brique du mur est la somme des nombres des deux briques se trouvant sous elle.

Quel même nombre peut-on écrire sur les trois briques bleues pour que le nombre au sommet du mur soit égal à la somme des nombres de la première ligne de briques ?

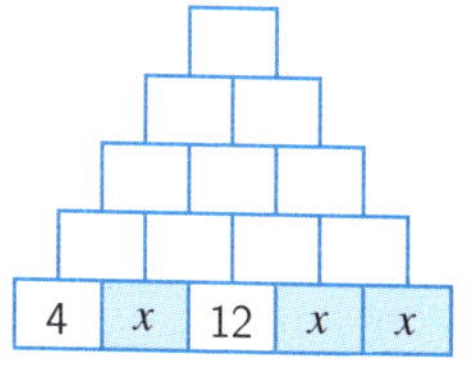

Résolution

1. Soit x le même nombre se trouvant dans les briques bleues.

2. On peut écrire sur chaque brique du mur :

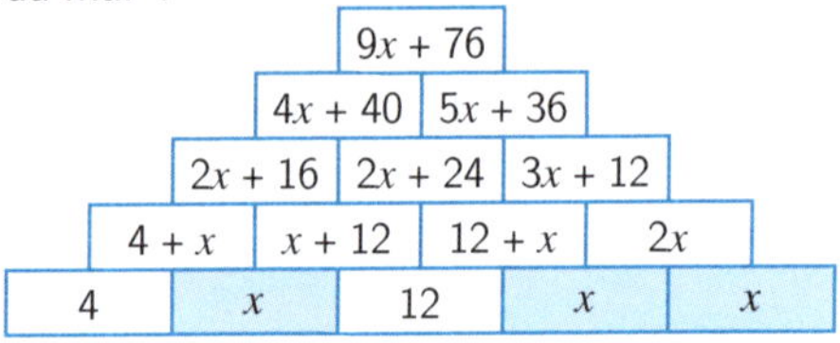

La somme des nombres de la première ligne du mur est :
$4 + x + 12 + x + x = 3x + 16$.
On peut donc résoudre l'équation $9x + 76 = 3x + 16$ pour trouver le nombre à écrire sur les briques bleues.

3. $9x + 76 = 3x + 16$

$9x + 76 \mathbf{- 3x} = 3x + 16 \mathbf{- 3x}$

$6x + 76 = 16$

$6x + 76 \mathbf{- 76} = 16 \mathbf{- 76}$

$6x = -60$

$\frac{6x}{\mathbf{6}} = \frac{-60}{\mathbf{6}}$

$x = -10$

La solution de l'équation est -10.

4. Il faut écrire -10 sur les briques jaunes pour que le nombre au sommet du mur soit égal à la somme des nombres de la première ligne de briques.

EXERCICE RÉSOLU 2

Énoncé

Trois triangles équilatéraux identiques sont découpés dans les coins d'un triangle équilatéral de côté 6 cm. La somme des périmètres des trois petits triangles est égale au périmètre de l'hexagone jaune restant. Quelle est la mesure du côté des petits triangles ?

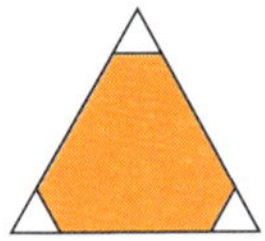

Pondichéry, 2015

Résolution

1. Soit x la longueur du côté des petits triangles.

2. Le périmètre d'un des petits triangles est $3x$ donc la somme des périmètres des trois petits triangles est $3 \times 3x = 9x$.

L'hexagone a trois côtés qui mesurent x cm et trois autres qui mesurent $6 - 2x$ cm donc son périmètre est :

$3x + 3 \times (6 - 2x) = 3x + 3 \times 6 + 3 \times (-2x) = 3x + 18 - 6x = 18 - 3x$

On peut donc résoudre l'équation $9x = 18 - 3x$ pour trouver la longueur du côté des petits triangles.

3. $9x = 18 - 3x$

$9x \mathbf{+ 3x} = 18 - 3x \mathbf{+ 3x}$

$12x = 18$

$\frac{12x}{\mathbf{12}} = \frac{18}{\mathbf{12}}$

$x = 1{,}5$

La solution de l'équation est 1,5.

4. La mesure du côté des petits triangles est 1,5 cm.

Résoudre une équation produit

À revoir
OK

26

COURS

- Dire qu'un produit de facteurs est nul revient à dire qu'un au moins de ses facteurs est nul.

Si a et b sont deux nombres relatifs, **dire que $a \times b = 0$ revient à dire que $a = 0$ ou $b = 0$**.

Application :

Le résultat précédent peut être utilisé pour résoudre l'équation $(3x + 5)(4x - 1) = 0$, appelée équation produit nul, car son membre de gauche est le produit des deux facteurs $3x + 5$ et $4x - 1$ et son membre de droite est égal à 0.
Dire que $(3x + 5)(4x - 1) = 0$ revient donc à dire que $3x + 5 = 0$ ou $4x - 1 = 0$.
Ainsi :

$(3x + 5)(4x - 1) = 0$

$3x + 5 = 0$ ou $4x - 1 = 0$

$3x = -5$ ou $4x = 1$

$x = -\frac{5}{3}$ ou $x = \frac{1}{4}$

Les solutions de l'équation sont $-\frac{5}{3}$ et $\frac{1}{4}$.

EXERCICE RÉSOLU 1

Énoncé

Résoudre les équations suivantes.

1. $(3x + 9)(4x - 5) = 0$
2. $x(5x - 3) = 0$

Résolution

1. $(3x + 9)(4x - 5) = 0$

$3x + 9 = 0$ ou $4x - 5 = 0$

$3x = -9$ ou $4x = 5$

$x = -\frac{9}{3} = -3$ ou $x = \frac{5}{4}$

Les solutions de l'équation sont -3 et $\frac{5}{4}$.

2. $x(5x - 3) = 0$

$x = 0$ ou $5x - 3 = 0$

$x = 0$ ou $5x = 3$

$x = 0$ ou $x = \frac{3}{5}$

Les solutions de l'équation sont 0 et $\frac{3}{5}$.

EXERCICE RÉSOLU 2

Énoncé

Factoriser le membre de gauche des équations suivantes afin de les résoudre.

1. $7x^2 - 21x = 0$

2. $(x - 3)^2 - 16 = 0$

Résolution

1. $7x^2 - 21x = 0$

$7x \times x - 7x \times 3 = 0$

$7x(x - 3) = 0$

$7x = 0$ ou $x - 3 = 0$

$x = \frac{0}{7} = 0$ ou $x = 3$

Les solutions de l'équation sont 0 et 3.

2. $(x - 3)^2 - 16 = 0$

$(x - 3)^2 - 4^2 = 0$

$(x - 3 + 4)(x - 3 - 4) = 0$

$(x + 1)(x - 7) = 0$

$x + 1 = 0$ ou $x - 7 = 0$

$x = -1$ ou $x = 7$

Les solutions de l'équation sont -1 et 7.

EXERCICE RÉSOLU 3

Énoncé

Résoudre les équations suivantes.

1. $7x^2 - 3x + 8 = 4(x + 2)$

2. $3x^2 - 2x - 9 = x(2 - x)$

Résolution

1. $7x^2 - 3x + 8 = 4(x + 2)$

$7x^2 - 3x + 8 = 4x + 4 \times 2$

$7x^2 - 3x + 8 = 4x + 8$

$7x^2 - 3x = 4x$

$7x^2 - 3x - 4x = 0$

$7x^2 - 7x = 0$

$7x \times x - 7x \times 1 = 0$

$7x(x - 1) = 0$

$7x = 0$ ou $x - 1 = 0$

$x = \frac{0}{7} = 0$ ou $x = 1$

Les solutions de l'équation sont 0 et 1.

2. $3x^2 + 2x - 9 = x(2 - x)$

$3x^2 + 2x - 9 = x \times 2 + x \times (-x)$

$3x^2 + 2x - 9 = 2x - x^2$

$3x^2 + 2x - 9 - 2x = 2x - x^2 - 2x$

$3x^2 - 9 = -x^2$

$3x^2 - 9 + x^2 = 0$

$4x^2 - 9 = 0$

$(2x)^2 - 3^2 = 0$

$(2x + 3)(2x - 3) = 0$

$2x + 3 = 0$ ou $2x - 3 = 0$

$2x = -3$ ou $2x = 3$

$x = -\frac{3}{2}$ ou $x = \frac{3}{2}$

Les solutions de l'équation sont $-\frac{3}{2}$ et $\frac{3}{2}$.

Modéliser une situation par une équation

☐ À revoir
☐ OK

27

COURS

▶ Vidéo

- La résolution des problèmes suivants nécessite la mobilisation conjointe des compétences en résolution d'équations et en calcul littéral.

Exemple :

« Deux tours élevées l'une de 30 pas, l'autre de 40 sont distantes de 50 pas. Entre les deux se trouve une fontaine vers le centre de laquelle deux oiseaux descendant des sommets des deux tours se dirigent du même vol et parviennent en même temps. Quelles sont les distances horizontales du centre de la fontaine aux deux tours ? »

Leonardo Fibonacci

Résolution :

- La situation est représentée ci-contre.

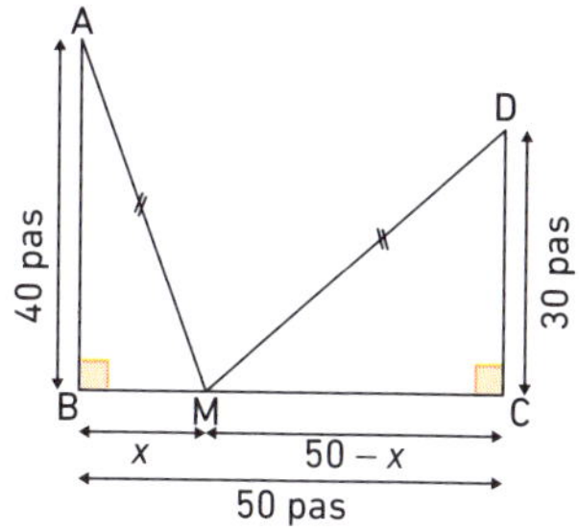

- On note x la distance du point M, centre de la fontaine au pied B de la plus grande tour. La distance du centre M de la fontaine au pied C de la plus petit tour est donc $50 - x$.

Les deux oiseaux se dirigent d'un même vol et parviennent en même temps au centre de la fontaine donc ils parcourent la même distance.

Ainsi, AM = DM.

Le triangle ABM est rectangle en M donc :

$AM^2 = BA^2 + BM^2 = 40^2 + x^2 = 1\ 600 + x^2$

Le triangle DCM est rectangle en M donc :

$DM^2 = CM^2 + CD^2 = (50 - x)^2 + 30^2 = (50 - x)^2 + 900$

AM = DM donc $AM^2 = DM^2$.

- On peut donc résoudre l'équation $1\ 600 + x^2 = (50 - x)^2 + 900$ pour trouver la valeur de x.

$1\ 600 + x^2 = (50 - x)^2 + 900$

$1\ 600 + x^2 = 50^2 - 2 \times 50 \times x + x^2 + 900$

$1\ 600 + x^2 = 2\ 500 - 100x + x^2 + 900$

$1\ 600 + x^2 = 3\ 400 - 100x + x^2$

$1\ 600 + x^2 - x^2 = 3\ 400 - 100x + x^2 - x^2$

$1\ 600 = 3\ 400 - 100x$

$1\ 600 - 3\ 400 = 3\ 400 - 100x - 3\ 400$

$-1\ 800 = -100x$

$\dfrac{-1800}{-100} = \dfrac{-100x}{-100}$

$18 = x$

La solution de l'équation est 18.

- La distance du centre de la fontaine au pied de la plus grande tour est 18 pas et la distance du pied de la fontaine au pied de la plus petite tour est 32 pas.

EXERCICE RÉSOLU 1

Énoncé

Quel même nombre doit-on additionner au numérateur et au dénominateur de la fraction $\frac{7}{16}$ pour doubler la valeur de cette fraction ?

Résolution

Soit x le nombre à additionner au numérateur et au dénominateur de la fraction.

$\frac{7+x}{16+x} = 2 \times \frac{7}{16}$

$\frac{7+x}{16+x} = \frac{14}{16}$

$16 \times (7 + x) = 14 \times (16 + x)$

$16 \times 7 + 16 \times x = 14 \times 16 + 14 \times x$

$112 + 16x = 224 + 14x$

$112 + 16x - \mathbf{14x} = 224 + 14x - \mathbf{14x}$

$112 + 2x = 224$

$112 + 2x - \mathbf{112} = 224 - \mathbf{112}$

$2x = 112$

$\frac{2x}{2} = \frac{112}{2}$

$x = 56$

La solution de l'équation est 56.

Le nombre à additionner au numérateur et au dénominateur de la fraction est 56.

EXERCICE RÉSOLU 2

Énoncé

Des archéologues ont retrouvé un fragment d'une assiette ronde. Ils ont pu mesurer les longueurs données sur la figure ci-contre. Calculer le diamètre de cette assiette.

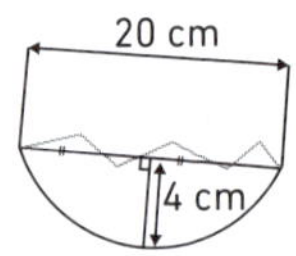

Résolution

Soit R le rayon de l'assiette.

Le triangle OAB est rectangle en A donc $OB^2 = AO^2 + AB^2$

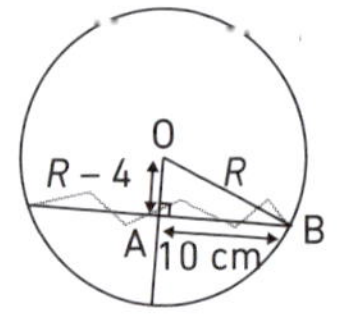

$R^2 = (R - 4)^2 + 10^2$

$R^2 = R^2 - 2 \times R \times 4 + 4^2 + 100$

$R^2 = R^2 - 8R + 16 + 100$

$R^2 = R^2 - 8R + 116$

$R^2 \mathbf{- R^2} = R^2 - 8R + 116 \mathbf{- R^2}$

$0 = -8R + 116$

$0 \mathbf{+ 8R} = -8R + 116 \mathbf{+ 8R}$

$8R = 116$

$\frac{8R}{\mathbf{8}} = \frac{116}{\mathbf{8}}$

$R = 14{,}5$

La solution de l'équation est 14,5 cm.

Le rayon de l'assiette est 14,5 cm donc son diamètre est 29 cm.

Résoudre une inéquation du premier degré

☐ À revoir
☐ OK

28

COURS

- Une inéquation d'inconnue x est une inégalité qui peut être vraie ou fausse selon les valeurs de x.

Exemples : $2x - 7 < -4x + 5$ et $5 \times (2x - 3) \geqslant 3x + 2$ sont des inéquations d'inconnue x.

- Résoudre une inéquation, c'est trouver toutes les valeurs de l'inconnue qui rendent l'inégalité vraie. Ces valeurs sont appelées les solutions de l'inéquation.

Exemple :

Si $x = 1$ alors $2x - 7 = 2 \times 1 - 7 = -5$ et $-4x + 5 = -4 \times 1 + 5 = 1$ donc : $2x - 7 < -4x + 5$. Ainsi, 1 est une solution de l'inéquation $2x - 7 < -4x + 5$.

- On ne change pas les solutions d'une équation quand on **additionne ou soustrait un même nombre** dans ses deux membres.

On ne change pas les solutions d'une inéquation quand on **multiplie ou divise ses deux membres** :

– par **un même nombre strictement positif en conservant le sens de l'inégalité** ;
– par **un même nombre strictement négatif en changeant le sens de l'inégalité**.

Exemples :

$2x - 7 < -4x + 5$

$2x - 7 \mathbf{- 2x} < -4x + 5 \mathbf{- 2x}$

$-7 < -6x + 5$

$-7 \mathbf{- 5} < -6x + 5 \mathbf{- 5}$

$-12 < -6x$

$\dfrac{-12}{\mathbf{-6}} > \dfrac{-6x}{\mathbf{-6}}$

$-2 > x$

$\dfrac{x}{2} + 1 \geqslant 4$

$\dfrac{x}{2} + 1 \mathbf{- 1} \geqslant 4 \mathbf{- 1}$

$\dfrac{x}{2} \geqslant 3$

$\mathbf{2} \times \dfrac{x}{2} \geqslant \mathbf{2} \times 3$

$x \geqslant 6$

EXERCICE RÉSOLU 1

Énoncé

Sans les résoudre, entourer les nombres qui sont solutions des inéquations suivantes.

1.	$8 - x \leqslant 7$	7	3	1	-3
2.	$-4x \geqslant 16$	0	-2	-4	-7
3.	$7x - 3 < 18$	5	3	0	-2
4.	$5x - 8 > 7x + 2$	2	-3	-5	-6

Résolution

1. 7 ; 3 ; 1 **2.** – 4 ; – 7 **3.** 0 ; – 2 **4.** – 6

EXERCICE RÉSOLU 2

Énoncé

Résoudre les inéquations suivantes.

1. $8x > 5x - 9$
2. $-x - 5 \geqslant 13$
3. $4x - 7 > 8x + 9$
4. $7x + 7 \leqslant 2x - 3$
5. $\frac{2x}{3} - 1 \geqslant 5$
6. $2(-x + 2) < x - 5$

Résolution

1. $8x > 5x - 9$

$8x - \mathbf{5x} > 5x - 9 - \mathbf{5x}$

$3x > -9$

$\frac{3x}{3} > \frac{-9}{3}$

$x > -3$

2. $-x - 5 \geqslant 13$

$-x - 5 + \mathbf{5} \geqslant 13 + \mathbf{5}$

$-x \geqslant 18$

$x \leqslant -18$

3. $4x - 7 > 8x + 9$

$4x - 7 - \mathbf{8x} > 8x + 9 - \mathbf{8x}$

$-4x - 7 > 9$

$-4x - 7 + \mathbf{7} > 9 + \mathbf{7}$

$-4x > 16$

$\frac{-4x}{-4} < \frac{16}{-4}$

$x < -4$

4. $7x + 7 \leqslant 2x - 3$

$7x + 7 - \mathbf{2x} \leqslant 2x - 3 - \mathbf{2x}$

$5x + 7 \leqslant -3$

$5x + 7 - \mathbf{7} \leqslant -3 - \mathbf{7}$

$5x \leqslant -10$

$\frac{5x}{5} \leqslant \frac{-10}{5}$

$x \leqslant -2$

5. $\frac{2x}{3} - 1 \geqslant 5$

$\frac{2x}{3} - 1 + \mathbf{1} \geqslant 5 + \mathbf{1}$

$\frac{2x}{3} \geqslant 6$

$\frac{2x}{3} \times \mathbf{3} \geqslant 6 \times \mathbf{3}$

$2x \geqslant 18$

$\frac{2x}{2} \geqslant \frac{18}{2}$

$x \geqslant 9$

6. $2(-x + 2) < x - 5$

$2 \times (-x) + 2 \times 2 < x - 5$

$-2x + 4 < x - 5$

$-2x + 4 - \mathbf{x} < x - 5 - \mathbf{x}$

$-3x + 4 < -5$

$-3x + 4 - \mathbf{4} < -5 - \mathbf{4}$

$-3x < -9$

$\frac{-3x}{-3} > \frac{-9}{-3}$

$x > 3$

Modéliser une situation par une inéquation du premier degré

☐ À revoir
☐ OK

29

COURS

- De même que pour les équations, pour être résolus, certains problèmes peuvent être modélisés par une inéquation. La résolution du problème suit également les quatre étapes :

1. Choix de l'inconnue
2. Mise en inéquation
3. Résolution de l'inéquation
4. Interprétation de la solution de l'inéquation

Exemple : Un cuisiniste propose deux possibilités de rémunération mensuelle à ses commerciaux :

Proposition 1 : 1 500 € bruts auxquels s'ajoutent 5 % du montant des ventes réalisées.

Proposition 2 : 1 950 € bruts auxquels s'ajoutent 2 % du montant des ventes réalisées.

À partir de quel montant de ventes un commercial a-t-il intérêt à choisir la première proposition de rémunération ?

1. Soit x le montant des ventes réalisées par le commercial.
2. Avec la proposition 1, le commercial touche $1\,500 + 0{,}05x$ € par mois.
Avec la proposition 2, le commercial touche $1\,950 + 0{,}02x$ € par mois.
La proposition 1 est plus intéressante que la proposition 2 si le salaire perçu est plus élevé donc si $1\,500 + 0{,}05x > 1\,950 + 0{,}02x$.
3. $1\,500 + 0{,}05x > 1\,950 + 0{,}02x$

$1\,500 + 0{,}05x - \mathbf{0{,}02x} > 1\,950 + 0{,}02x - \mathbf{0{,}02x}$

$1\,500 + 0{,}03x > 1\,950$

$1\,500 + 0{,}03x - \mathbf{1500} > 1\,950 - \mathbf{1500}$

$0{,}03x > 450$

$\dfrac{0{,}03x}{\mathbf{0{,}03}} > \dfrac{450}{\mathbf{0{,}03}}$

$x > 15\,000$

4. Il faut que le commercial réalise au minimum 15 000 € de ventes pour que la proposition 1 soit plus avantageuse.

EXERCICE RÉSOLU 1

Énoncé

Un cinéma propose deux tarifs à ses spectateurs :

- Tarif Famille : la place coûte 6,50 €.
- Tarif Passion : après avoir payé une adhésion annuelle de 18 €, la place coûte 5,30 €.

Quel est le nombre minimum de places qu'il faut acheter sur une année pour que le tarif Passion soit plus intéressant que le tarif Famille ?

Résolution

1. Soit x le nombre de places de cinéma achetées.

2. Le prix avec le tarif Famille est $6{,}5x$. Le prix avec le tarif Passion est $18 + 5{,}3x$.
Le tarif Passion est plus intéressant que le tarif Famille si $6{,}5x > 18 + 5{,}3x$.

3. $6{,}5x > 18 + 5{,}3x$

$6{,}5x - \mathbf{5{,}3x} > 18 + 5{,}3x - \mathbf{5{,}3x}$

$1{,}2x > 18$

$\frac{1{,}2x}{\mathbf{1{,}2}} > \frac{18}{\mathbf{1{,}2}}$

$x > 15$

4. Il faut acheter au moins 16 places sur une année pour que le tarif Passion soit plus intéressant que le tarif Famille.

EXERCICE RÉSOLU 2

Énoncé

Une famille de 4 personnes consomme 20 000 kWh d'électricité par an.
Son fournisseur d'énergie lui propose les tarifs suivants :

	abonnement annuel TTC	prix du kWh TTC - heures pleines	prix du kWh TTC - heures creuses
tarif de base (€)	96,50	0,144 9	
tarif HC/HP (€)	100,51	0,156	0,127

Quelle est la consommation minimale sur ces heures creuses que doit réaliser cette famille pour que le choix du tarif « Heures creuses/Heures pleines » soit rentable ?

Résolution

1. Soit x la consommation annuelle d'électricité en kWh de cette famille sur les heures creuses.

2. Cette famille consomme alors $20\ 000 - x$ kWh d'électricité sur les heures pleines.
Elle paye $0{,}127x$ € pour sa consommation en heures creuses et $(20\ 000 - x) \times 0{,}156$ € pour sa consommation en heures pleines. Le prix total à payer pour sa consommation annuelle est alors $0{,}127x + (20\ 000 - x) \times 0{,}156 + 100{,}51$ € puisqu'il faut ajouter l'abonnement annuel.
Si elle choisit le tarif de base, elle paye $96{,}5 + 0{,}144\ 9 \times 20\ 000$ € par an.
Le tarif « Heures creuses/Heures pleines » est plus intéressant que le tarif de base si $0{,}127x + (20\ 000 - x) \times 0{,}156 + 100{,}51 < 96{,}5 + 0{,}144\ 9 \times 20\ 000$.

3. $0{,}127x + (20\ 000 - x) \times 0{,}156 + 100{,}51 < 2\ 994{,}5$

$0{,}127x + 20\ 000 \times 0{,}156 - x \times 0{,}156 + 100{,}51 < 2\ 994{,}5$

$3\ 220{,}51 - 0{,}029x < 2994{,}5$ soit $-0{,}029x < -226{,}01$ soit $x > \frac{226{,}01}{0{,}029}$

4. $\frac{226{,}01}{0{,}029} \approx 7\ 794$; la consommation minimale doit être 7 794 kWh.

Je me teste sur…

EXPRESSIONS LITTÉRALES

1 $(15 - 2x) - (5x - 4) =$

- ▢ **a.** $3x + 11$ ▢ **b.** $-7x + 19$ ▢ **c.** $12x$

2 $7x(x - 3) =$

- ▢ **a.** $7x^2 - 3$ ▢ **b.** $7x^2 - 21x$ ▢ **c.** $21x^2$

3 $(x + 4)(x - 5) =$

- ▢ **a.** $x^2 - 20$ ▢ **b.** $-x$ ▢ **c.** $x^2 - x - 20$

4 $(3x - 2)(2x - 3) =$

- ▢ **a.** $6x^2 - 13x + 6$ ▢ **b.** $4x^2 + 6$ ▢ **c.** $4x^2 - 13x - 6$

5 La forme factorisée de l'expression $3x^2 - 6x$ est :

- ▢ **a.** $3x(x - 2)$ ▢ **b.** $3x(x - 6)$ ▢ **c.** $3x(x - 6x)$

6 La forme factorisée de l'expression $(5x - 2)^2 - (5x - 2)(2x + 3)$ est :

- ▢ **a.** $(5x - 2)(2x + 3)$ ▢ **b.** $(5x - 2)(3x - 5)$ ▢ **c.** $(5x - 2)(7x + 1)$

7 1 est une solution de l'équation :

- ▢ **a.** $5x - 2 = 4x + 3$ ▢ **b.** $3x^2 = x + 2$ ▢ **c.** $x(x + 3) = 3$

8 La solution de l'équation $2x - 4 = 3x - 5$ est :

- ▢ **a.** -1 ▢ **b.** $\frac{5}{9}$ ▢ **c.** 1

9 L'équation $(2x - 4)(4x + 5) = 0$ a pour solutions :

- ▢ **a.** 2 et –1,25 ▢ **b.** –2 et 1,25 ▢ **c.** 1 et 2

10 L'équation $x^2 - 2x = 0$ a pour solution(s) :

- ▢ **a.** 0 ▢ **b.** 0 et 2 ▢ **c.** 0 et –2

11 Les solutions de l'inéquation $3x - 2 > 5x + 6$ sont :

- ▢ **a.** Les nombres strictement inférieurs à –4
- ▢ **b.** Les nombres strictement supérieurs à –4
- ▢ **c.** Les nombres strictement supérieurs à 0,5

Corrigés au verso

Corrigés

1 > b. $(15 - 2x) - (5x - 4) = 15 - 2x - 5x + 4$
$= - 7x + 19$

Voir **Fiche 17**

2 > b. $7x(x - 3) = 7x \times x + 7x \times (- 3)$
$= 7x^2 - 21x$

Voir **Fiche 18**

3 > c. $(x + 4)(x - 5) = x \times x + x \times (- 5) + 4 \times x + 4 \times (- 5)$
$= x^2 - 5x + 4x - 20$
$= x^2 - x - 20$

Voir **Fiche 19**

4 > a. $(3x - 2)(2x - 3) = 3x \times 2x + 3x \times (- 3) - 2 \times 2x - 2 \times (- 3)$
$= 6x^2 - 9x - 4x + 6$
$= 6x^2 - 13x + 6$

Voir **Fiche 19**

5 > a. $3x^2 - 6x = 3x \times x - 3x \times 2$
$= 3x(x - 2)$

Voir **Fiche 20**

6 > b. $(5x - 2)^2 - (5x - 2)(2x + 3) = (5x - 2)(5x - 2) - (5x - 2)(2x + 3)$
$= (5x - 2)[(5x - 2) - (2x + 3)]$
$= (5x - 2)(5x - 2 - 2x - 3)$
$= (5x - 2)(3x - 5)$

Voir **Fiche 20**

7 > b. Si $x = 1$, $3x^2 = 3 \times 1^2 = 3 \times 1 = 3$ et $x + 2 = 1 + 2 = 3$.

Voir **Fiche 22**

8 > c. $2x - 4 = 3x - 5$
$2x - 3x - 4 = - 5$
$- x - 4 = -5$
$- x = - 5 + 4$
$- x = -1$
$x = 1$

Voir **Fiche 23**

9 > a. $(2x - 4)(4x + 5) = 0$
$2x - 4 = 0$ ou $4x + 5 = 0$
$2x = 4$ ou $4x = - 5$
$x = \frac{4}{2} = 2$ ou $x = - \frac{5}{4} = - 1{,}25$

Voir **Fiche 26**

10 > b. $x^2 - 2x = 0$
$x \times x - x \times (- 2) = 0$
$x(x - 2) = 0$
$x = 0$ ou $x - 2 = 0$
$x = 0$ ou $x = 2$

Voir **Fiche 26**

11 > a. $3x - 2 > 5x + 6$
$3x - 5x - 2 > 6$
$- 2x - 2 > 6$
$- 2x > 6 + 2$
$- 2x > 8$
$\frac{- 2x}{- 2} < \frac{8}{- 2}$
$x < 4$

Voir **Fiche 28**

Notion de fonction, image et antécédent

☐ À revoir
☐ OK

30

COURS

- On appelle fonction tout processus qui, à un nombre, fait correspondre un autre nombre. Ce processus peut être :

– une formule : expression algébrique ;
– un tableau : tableau de valeurs ;
– une courbe : représentation graphique.

- Si cette fonction est notée f, elle fait correspondre, au nombre x, appelé la **variable**, le nombre, noté $f(x)$, appelé l'image de x par la fonction f.

On dit alors que x est un antécédent de $f(x)$ par la fonction f et on note $f : x \mapsto f(x)$ cette fonction.

Exemple : Le processus qui, à un nombre x, associe $2x + 6$ est une fonction qui est notée $f : x \mapsto 2x + 6$.
L'image de x par cette fonction est $f(x) = 2x + 6$.
$f(1) = 2 \times 1 + 6 = 2 + 6 = 8$ donc l'image de 1 par cette fonction est 8 et 1 est un antécédent de 8 par la fonction f.

EXERCICE RÉSOLU 1

Énoncé

Dans chacun des cas suivants, donner une expression de l'image de x par la fonction f.

1. f est la fonction qui, à un nombre x, fait correspondre le double de son carré.

2. Pour convertir en degrés Fahrenheit une température donnée en degrés Celsius, il faut la multiplier par 1,8 puis ajouter 32. f est la fonction qui, à la température x en degré Celsius, fait correspondre la température en degrés Fahrenheit.

3. f est la fonction qui, à la longueur x (en cm) du côté d'un cube, fait correspondre son volume (en cm^3).

4. f est la fonction qui, à un nombre strictement positif x, fait correspondre son inverse.

Résolution

1. $f : x \mapsto 2x^2$ et l'image de x par la fonction f est $f(x) = 2x^2$.

2. $f : x \mapsto 1{,}8x + 32$ et l'image de x par la fonction f est $f(x) = 1{,}8x + 32$.

3. $f : x \mapsto x^3$ et l'image de x par la fonction f est $f(x) = x^3$.

4. $f : x \mapsto \frac{1}{x}$ et l'image de x par la fonction f est $f(x) = \frac{1}{x}$.

EXERCICE RÉSOLU 2

Énoncé

On considère la fonction $f : x \mapsto -4x + 3$.

1. Calculer $f(-1)$.

2. Quelle est l'image de 5 par la fonction f ?

3. Résoudre l'équation $f(x) = 23$.

4. Quel est l'antécédent de -7 par la fonction f ?

Résolution

1. $f(-1) = -4 \times (-1) + 3 = 4 + 3 = 7$.
L'image de -1 par la fonction f est 7.

2. $f(5) = -4 \times 5 + 3 = -20 + 3 = -17$.
L'image de 5 par la fonction f est -17.

3. $f(x) = 23$

$-4x + 3 = 23$

$-4x = 23 - 3$

$-4x = 20$

$x = \dfrac{20}{-4} = -5$

La solution de l'équation est -5.

4. $f(x) = -7$

$-4x + 3 = -7$

$-4x = -7 - 3$

$-4x = -10$

$x = \dfrac{-10}{-4} = 2{,}5$

L'antécédent de -7 par la fonction f est 2,5.

EXERCICE RÉSOLU 3

Énoncé

On considère la fonction g qui, à la longueur x (en m), fait correspondre l'aire (en m^2) du rectangle ci-contre.

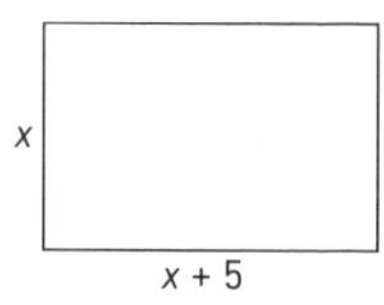

1. Déterminer l'expression de $g(x)$.

2. Quelle est l'image de 8 par la fonction g ?

3. 7,5 est-il un antécédent de 94 par la fonction g ?

Résolution

1. $g(x)$ est l'aire du rectangle donc c'est le produit de la largeur du rectangle par sa longueur. Ainsi, $g(x) = x(x + 5)$.

2. $g(8) = 8 \times (8 + 5) = 8 \times 13 = 104$. L'image de 8 par la fonction g est 104.

3. $g(7{,}5) = 7{,}5 \times (7{,}5 + 5) = 7{,}5 \times 12{,}5 = 93{,}75$.
Ainsi, 7,5 n'est pas un antécédent de 94 par la fonction g.

Tableau de valeurs d'une fonction

☐ À revoir
☐ OK

31

COURS

- Une fonction peut être donnée par un tableau de valeurs.

Dans ce cas, les antécédents figurent sur la première ligne du tableau et les images correspondantes figurent sur la seconde ligne.

Exemple :

	x	– 1	0	1	2	3	4	5
antécédent →	x	– 1	0	1	2	3	4	5
image →	$f(x)$	4	1	2	7	16	29	46

EXERCICE RÉSOLU 1

Énoncé

On considère la fonction g dont un tableau de valeurs est donné ci-après.

x	– 3	– 2	– 1	0	1	2	3
$g(x)$	3	1	– 2	– 4	– 3	– 2	0

1. Quelle est l'image de 0 par la fonction g ?
2. Quel est l'antécédent de – 3 par la fonction g ?
3. Quelle est la valeur de $g(3)$?
4. Quelles sont les valeurs de x pour lesquelles $g(x) = -2$?

Résolution

1. L'image de 0 par la fonction g est – 4.
2. L'antécédent de – 3 par la fonction g est 1.
3. $g(3) = 0$.
4. Les valeurs de x pour lesquelles $g(x) = -2$ sont – 1 et 2.

EXERCICE RÉSOLU 2

Énoncé

Saïd a écrit le programme ci-après.

1. Expliquer le rôle de ce programme à l'aide d'une fonction f que l'on précisera.

2. Compléter un tableau de valeurs de la fonction f à partir des valeurs obtenues à l'exécution du programme.

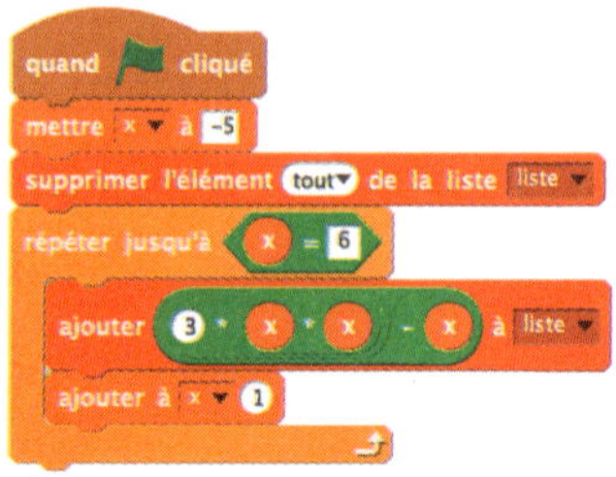

Résolution

1. Ce programme écrit dans la liste nommée « liste » les images par la fonction : $x \mapsto 3x^2 - x$ des valeurs de la variable x pour les valeurs entières entre – 5 à 5.

2.

x	– 5	– 4	– 3	– 2	– 1	0	1	2	3	4	5
$f(x)$	80	52	30	14	4	0	2	10	24	44	70

EXERCICE RÉSOLU 3

On considère les fonctions f et g définies par $f(x) = 2x + 1$ et $g(x) = x^2 + 4x - 5$.
Léa souhaite étudier les fonctions f et g à l'aide d'un tableur. Elle a donc rempli les formules qu'elle a ensuite « étirées » pour obtenir le calcul de toutes les valeurs.
Voici une capture d'écran de son travail :

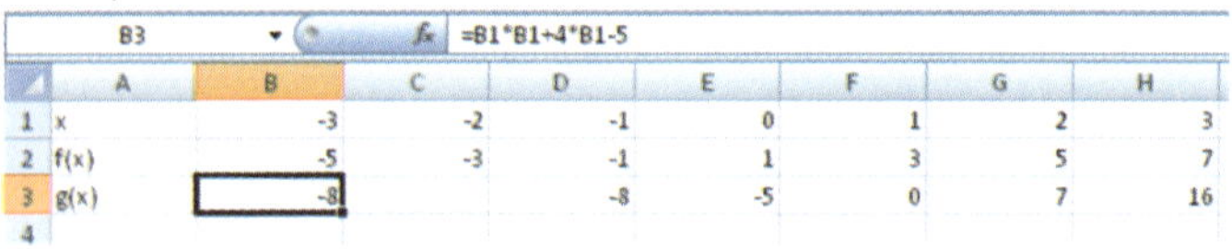

B3 =B1*B1+4*B1-5

	A	B	C	D	E	F	G	H
1	x	-3	-2	-1	0	1	2	3
2	f(x)	-5	-3	-1	1	3	5	7
3	g(x)	-8		-8	-5	0	7	16
4								

1. Quelle est l'image de 3 par la fonction f ?

2. Calculer le nombre qui doit apparaître dans la cellule C3.

3. Quelle formule Léa a-t-elle saisie dans la cellule B2 ?

4. À l'aide de la copie d'écran et sans justifier, donner une solution de l'inéquation $2x + 1 < x^2 + 4x - 5$.

D'après Asie, 2016

Résolution

1. L'image de 3 par la fonction f est 7. C'est le nombre écrit en H2.

2. Le nombre qui doit apparaître dans la cellule C3 est l'image de – 2 par la fonction g.
$g(-2) = (-2)^2 + 4 \times (-2) - 5 = 4 - 8 - 5 = -9$

3. Léa a saisi la formule =2*B1+1 dans la cellule B2.

4. Il suffit de chercher les valeurs de x données dans le tableau pour lesquelles $f(x) < g(x)$. On peut donner 2 et 3.

Représentation graphique d'une fonction

À revoir
OK

32

COURS

- On appelle **représentation graphique d'une fonction** la courbe constituée de tous les points de coordonnées $(x\ ;f(x))$.

Les coordonnées $(x\ ;\ y)$ d'un point de cette représentation graphique vérifient donc l'égalité $y = f(x)$, l'ordonnée y étant l'image $f(x)$ de l'abscisse x par la fonction f.

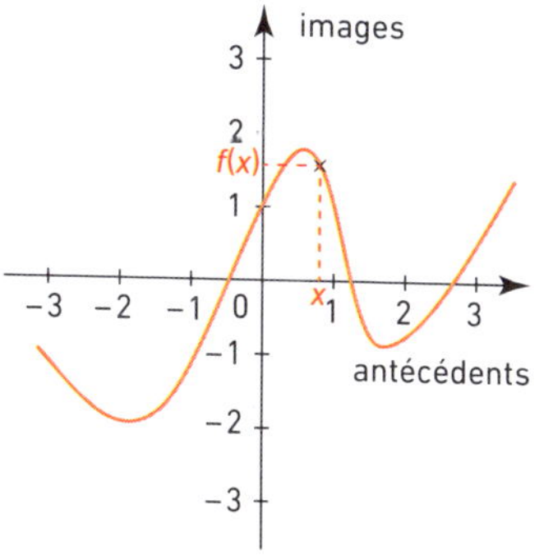

EXERCICE RÉSOLU 1

Énoncé

On considère la fonction f dont la représentation graphique est donnée ci-contre.

Répondre aux questions suivantes avec la précision permise par le graphique.

1. Quelle est l'image de – 1 par la fonction f ?
2. Quels sont les antécédents de – 1 par la fonction f ?
3. Quelle est la valeur de $f(3)$?
4. Combien 2 a-t-il d'antécédents par la fonction f ?
5. Quelles sont les solutions de l'équation $f(x) = 4$?

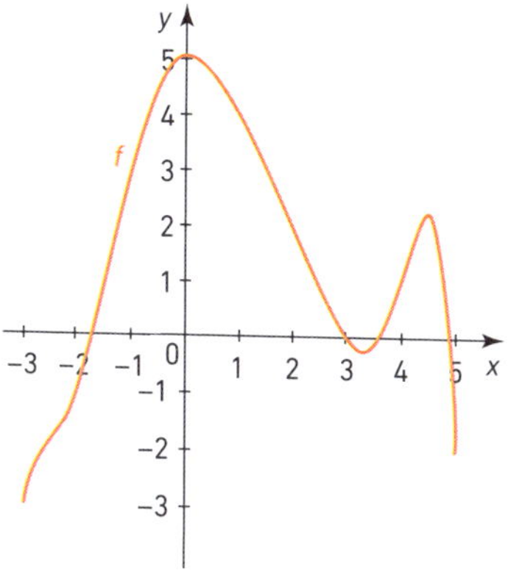

Résolution

1. L'image de – 1 par la fonction f est 3.
2. Les antécédents de – 1 par la fonction f sont – 2 et 4,95.
3. $f(3) = 0$.
4. 2 a quatre antécédents par la fonction f.
5. Les solutions de l'équation $f(x) = 4$ sont – 0,7 et 1.

EXERCICE RÉSOLU 2

Énoncé

Dans le repère ci-après, placer les points de la représentation graphique de la fonction $f : x \mapsto x^2 - 4x - 3$ dont les abscisses sont des entiers compris entre – 2 et 6.

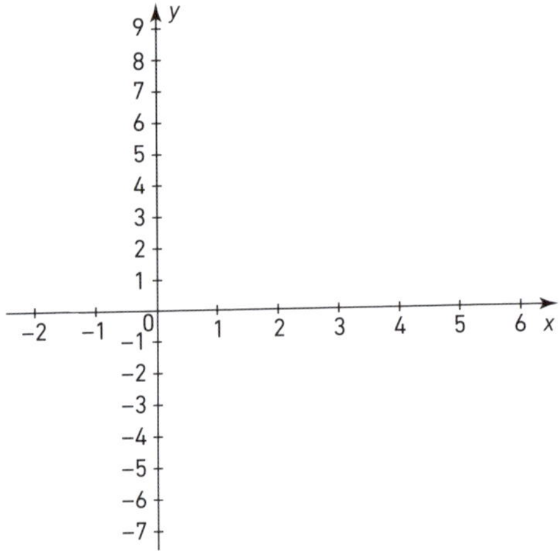

Résolution

On construit un tableau de valeurs de la fonction pour placer ces points, soit en utilisant directement l'outil de la calculatrice, soit en effectuant les calculs.

x	– 2	– 1	0	1	2	3	4	5	6
$f(x)$	9	2	– 3	– 6	– 7	– 6	– 3	2	9

Il reste à placer ces points de coordonnées $(x\ ;f(x))$ dans le repère.

Modéliser une situation par une fonction

☐ À revoir
☐ OK

33

COURS

- Modéliser une situation par une fonction, c'est associer à cette situation une fonction qui permettra de la décrire et, le cas échant, de résoudre le problème auquel elle est liée.

EXERCICE RÉSOLU 1

Énoncé

Lors d'une course en motocross, après avoir franchi une rampe, Gaëtan a effectué un saut record en moto.

Le saut commence dès que Gaëtan quitte la rampe.

On note t la durée (en secondes) de ce saut.

La hauteur (en mètres) est déterminée en fonction de la durée t par la fonction h suivante :

$$h : t \mapsto (-5t - 1{,}35)(t - 3{,}7)$$

La courbe représentative de cette fonction h est donnée ci-contre.

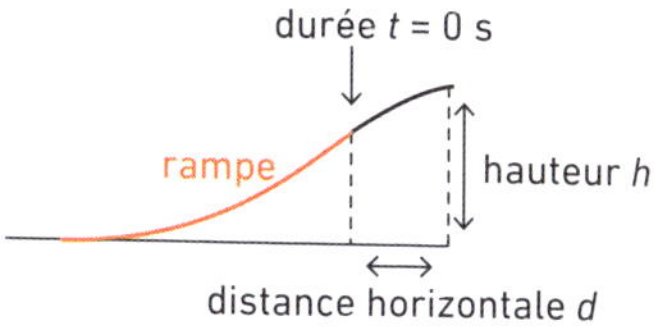

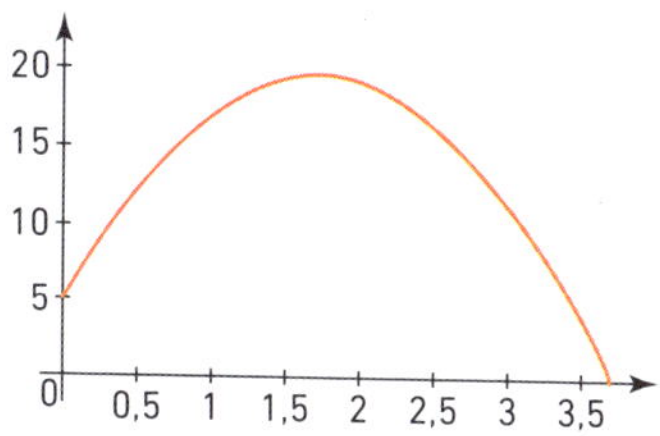

Les affirmations suivantes sont-elles vraies ou fausses ? Justifier en utilisant soit le graphique soit des calculs.

1. Lorsqu'il quitte la rampe, Gaëtan est à 3,8 m de hauteur.
2. Le nombre 3,5 est un antécédent du nombre 3,77 par la fonction h.
3. Gaëtan a obtenu la hauteur maximale avant 1,5 seconde.

D'après Pondichéry, avril 2016

Résolution

1. Faux. En lisant l'ordonnée du point d'abscisse 0 de la représentation graphique de la fonction h, on peut estimer que $h(0) = 5$.
Par le calcul, $h(0) = (-5 \times 0 - 1{,}35)(0 - 3{,}7) = -1{,}35 \times (-3{,}7) = 4{,}995$
Lorsqu'il quitte la rampe, Gaëtan est donc à 4,995 m de hauteur.
2. Vrai. $h(3{,}5) = (-5 \times 3{,}5 - 1{,}35)(3{,}5 - 3{,}7) = -18{,}85 \times (-0{,}2) = 3{,}77$
L'image de 3,5 par la fonction h est 3,77 donc le nombre 3,5 est un antécédent du nombre 3,77 par la fonction h.

3. Faux. D'après la représentation graphique de la fonction h, Gaëtan a obtenu la hauteur maximale aux environs de 1,75 seconde.

EXERCICE RÉSOLU 2

Énoncé

Armel est vendeur de beignets sur les plages pendant l'été. Il vend 150 beignets par jour, généralement à 2 € pièce.

Il a cependant constaté qu'à chaque fois qu'il baisse le prix de ses beignets de 0,05 €, il en vend 5 de plus. Aidons-le à optimiser sa recette journalière.

1. Quelle est actuellement sa recette journalière ?

2. On note R la fonction qui, à la réduction x du prix de ses beignets en €, associe la recette journalière en €. Justifier que $R(x) = (2 - x)(150 + 100x)$.

3. En utilisant la calculatrice, un tableur ou un grapheur, déterminer la valeur de la réduction pour laquelle Armel rend maximale sa recette journalière.

Résolution

1. Il vend actuellement 150 beignets par jour à 2 euros pièce donc il gagne :
$150 \times 2 = 300$ euros par jour.

2. S'il fait subir une réduction de x € au prix unitaire de ses beignets, chaque beignet coûte alors $2 - x$ €. À chaque réduction de 0,05 €, il vend 5 beignets de plus donc pour une réduction de x euros, il vend $100x$ beignets de plus. Il en vend donc $150 + 100x$ en tout. La recette est le produit de $2 - x$ et $150 + 100x$ donc $R(x) = (2 - x)(150 + 100x)$.

3. Ci-dessous l'image d'une feuille de calcul permettant de déterminer la recette maximale. On a saisi 0 dans la cellule B1 et la formule =B1+0,05 dans la cellule C1. Cette formule a été ensuite copiée vers la droite. Dans la cellule B2 a été saisie puis copiée vers la droite la formule =(2-B1)*(150+100*B1). On observe que la recette journalière maximale est obtenue pour une réduction de 0,25 € sur le prix des beignets. Elle est alors de 306,25 €.

	A	B	C	D	E	F	G	H	I	J	K	L
1	Réduction en euros	0	0,05	0,1	0,15	0,2	0,25	0,3	0,35	0,4	0,45	0,5
2	Recette en euros	300	302,25	304	305,25	306	306,25	306	305,25	304	302,25	300

On peut effectuer un travail équivalent en utilisant un tableau de valeurs fourni par la calculatrice. On peut également tracer la représentation graphique de la fonction R sur un grapheur (GeoGebra par exemple).

Fonction linéaire

☐ À revoir
☐ OK

34

COURS

- Soit a un nombre. On appelle fonction linéaire de coefficient a la fonction qui, à un nombre x, fait correspondre le nombre ax.
On note $x \mapsto ax$ cette fonction.

- Dans le cas d'une fonction linéaire de coefficient a, les images sont proportionnelles aux antécédents et le coefficient de proportionnalité est a.
Réciproquement, toute situation de proportionnalité peut être modélisée par une fonction linéaire.

Exemple :

Le périmètre d'un carré est proportionnel à la longueur de son côté. Le coefficient de proportionnalité est **4**.

La fonction linéaire P de coefficient **4** qui, à la longueur x du côté d'un carré fait correspondre son périmètre, modélise cette situation. Le tableau de valeurs suivant est donc un tableau de proportionnalité.

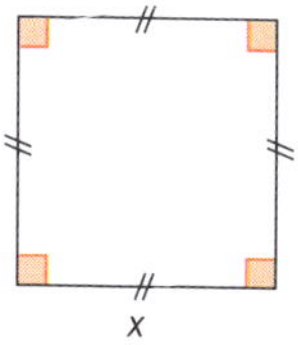

x	0	0,5	1	1,5	2	2,5	3
$P(x)$	0	2	4	6	8	10	12

× 4

EXERCICE RÉSOLU 1

Énoncé

Dans chacun des cas suivants, donner l'expression algébrique de la fonction linéaire qui modélise la situation.

1. Au marché, les tomates sont vendues 3,20 € le kilogramme.
Donner l'expression algébrique de la fonction qui, à la masse x de tomates achetées (en kg), associe le prix à payer (en €).

2. Un cycliste roule à la vitesse constante de 35 km/h.
Donner l'expression algébrique de la fonction qui, au temps t de parcours (en h), associe la distance parcourue (en km/h).

Résolution

1. $x \mapsto 3{,}2x$.

2. $t \mapsto 35t$.

EXERCICE RÉSOLU 2

Énoncé

Soit f la fonction linéaire $x \mapsto -3x$.

1. Calculer l'image de 4 par la fonction f.

2. Le point de coordonnées (– 3 ; – 6) appartient-il à la représentation graphique de la fonction f ?

3. Déterminer l'antécédent de – 18 par la fonction f.

Résolution

1. $f(4) = -3 \times 4 = -12$. L'image de 4 par la fonction f est – 12.

2. $f(-3) = -3 \times (-3) = 9$ donc le point de coordonnées (– 3 ; – 6) n'appartient pas à la représentation graphique de la fonction f.

3. $f(x) = -18$

$-3x = -18$

$\frac{-3x}{-3} = \frac{-18}{-3}$

$x = 6$

L'antécédent de – 18 par la fonction f est 6.

EXERCICE RÉSOLU 3

Énoncé

Sur Terre, le poids d'un objet, exprimé en Newton (N) est proportionnel à sa masse exprimée en kg. Le coefficient de proportionnalité est appelé l'accélération de la pesanteur et est environ égal à 9,81 (m/s^2).

On note P la fonction qui, à une masse m en kg, associe son poids en Newton.

1. Déterminer l'expression de $P(m)$ en fonction de m.

2. Calculer l'image de 74 par la fonction P.

3. Déterminer l'antécédent de 29 430 par la fonction P.

4. Que signifient en pratique les résultats trouvés aux questions **2.** et **3.** ?

Résolution

1. $P(m) = 9{,}81m$.

2. $P(74) = 9{,}81 \times 74 = 725{,}94$. L'image de 74 par la fonction P est 725,94.

3. $P(m) = 29\,430$

$9{,}81m = 29\,430$

$\frac{9{,}81m}{9{,}81} = \frac{29\,430}{9{,}81}$

$m = 3\,000$

L'antécédent de 29 430 par la fonction P est 3 000.

4. Un objet ayant une masse de 74 kg a un poids de 725,94 N sur Terre. Un objet ayant un poids de 29 430 N sur Terre a une masse de 3 000 kg soit 3 tonnes.

Fonction affine

À revoir
OK

35

COURS

- Soit a et b deux nombres.

On appelle fonction affine toute fonction qui, à un nombre x, fait correspondre le nombre $ax + b$. On note $x \mapsto ax + b$ cette fonction.

Cas particuliers :

- Si $b = 0$, la fonction $x \mapsto ax + b$ s'écrit $x \mapsto ax$ donc les fonctions linéaires sont des fonctions affines particulières.
- Si $a = 0$, la fonction $x \mapsto ax + b$ s'écrit $x \mapsto b$ et associe toujours à x le même nombre b. Ces fonctions sont donc appelées fonctions constantes.

Exemple : La pression de l'air à la surface des océans est égale à 1,033 kg/cm^2. Cette pression augmente régulièrement, avec la profondeur, de 0,1 kg/cm^2 tous les mètres.

La fonction qui, à la profondeur x en mètres, fait correspondre la pression de l'eau en kg/cm^2 est la fonction affine $x \mapsto 0{,}1x + 1{,}033$.

EXERCICE RÉSOLU 1

Énoncé

Dans chacun des cas suivants, donner l'expression algébrique de la fonction affine qui modélise la situation.

1. Une baignoire contient déjà 20 litres d'eau. Pour la remplir, on ouvre au maximum le robinet qui débite 12 litres par minute. Donner l'expression algébrique de la fonction affine qui, au temps t d'ouverture (en min), associe le volume d'eau dans la baignoire (en L).

2. Une entreprise de plomberie facture 35 € le déplacement et 40 € l'heure de travail, toute heure entamée étant due. Donner l'expression algébrique de la fonction affine qui, au temps t de travail (en h), associe le prix à payer (en €) hors coût éventuel du matériel.

Résolution

1. La baignoire contient déjà 20 L d'eau auxquels s'ajoutent 12 L par minute donc l'expression algébrique de la fonction est $t \mapsto 12t + 20$.

2. L'entreprise facture 35 € auxquels s'ajoutent 40 € par heure de travail donc l'expression algébrique de la fonction est $t \mapsto 35t + 40$.

EXERCICE RÉSOLU 2

Énoncé

f est la fonction affine définie par $f(x) = 2x - 9$.

1. Calculer $f(-4)$.
2. Le point de coordonnées $(1{,}5\ ;\ -6)$ appartient-il à la représentation graphique de la fonction f ?
3. Déterminer l'antécédent de 11 par la fonction f.

Résolution

1. $f(-4) = 2 \times (-4) - 9 = -8 - 9 = -17$
L'image de -4 par la fonction g est -17.

2. $f(1{,}5) = 2 \times 1{,}5 - 9 = 3 - 9 = -6$
donc le point de coordonnées $(1{,}5\ ;\ -6)$ appartient à la représentation graphique de la fonction f.

3. $f(x) = 11$
$2x - 9 = 11$
$2x = 20$
$x = 10$
L'antécédent de 11 par la fonction f est 10.

EXERCICE RÉSOLU 3

Énoncé

Tom, le taxi parisien, applique le tarif suivant de 10 h à 17 h du lundi au samedi : 2,60 € pour la prise en charge puis 1,06 € par kilomètre parcouru.

On note C la fonction qui, à la distance x parcourue (en km), associe le prix à payer (en €).

1. Déterminer l'expression de $C(x)$ en fonction de x.
2. Quel est le prix à payer pour une course de 12,5 km ?
3. Quelle distance a-t-on parcourue si on a payé 26,98 € ?

Résolution

1. Le fait de monter dans le taxi coûte 2,6 € auxquels s'ajoutent 1,06 € par kilomètre parcouru, donc :
$C(x) = 1{,}06x + 2{,}6$

2. $C(12{,}5) = 1{,}06 \times 12{,}5 + 2{,}6 = 15{,}8$
L'image de 12,5 par la fonction C est 15,8. On paye ainsi 15,8 € pour une course de 12,5 km.

3. Soit x la distance parcourue en km.
Ainsi, $C(x) = 26{,}98$
$1{,}06x + 2{,}6 = 26{,}98$
$1{,}06x = 24{,}38$
$x = 23$
L'antécédent de 26,98 par la fonction C est 23. Si on a payé 26,98 €, la distance parcourue durant la course était de 23 km.

Représentation graphique d'une fonction linéaire et d'une fonction affine

☐ À revoir
☐ OK

36

COURS

- Dans un repère, la représentation graphique d'une fonction linéaire $x \mapsto ax$ est une **droite**.

Elle **passe par l'origine du repère et le point de coordonnées $(1\ ;\ a)$**.

Le nombre a est appelé **coefficient directeur** de cette droite.

Exemple :

$x \mapsto -2x$

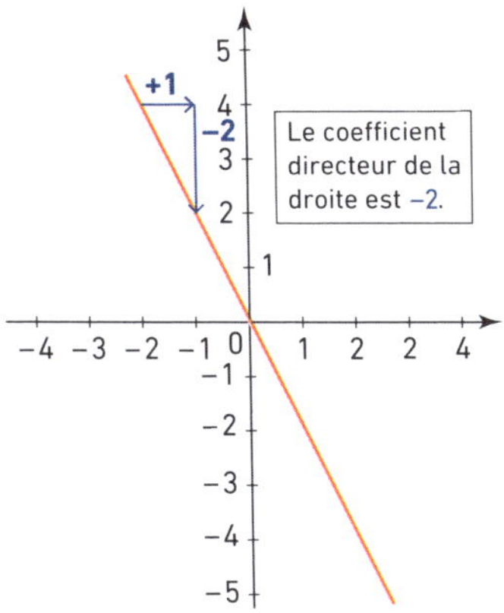

- Dans un repère, la représentation graphique d'une fonction affine $x \mapsto ax + b$ est une **droite**.

Elle **passe par le point de coordonnées $(0\ ;\ b)$**

Le nombre a est appelé **coefficient directeur** de cette droite et le nombre b **ordonnée à l'origine**.

Exemple :

$x \mapsto 4x + 1$

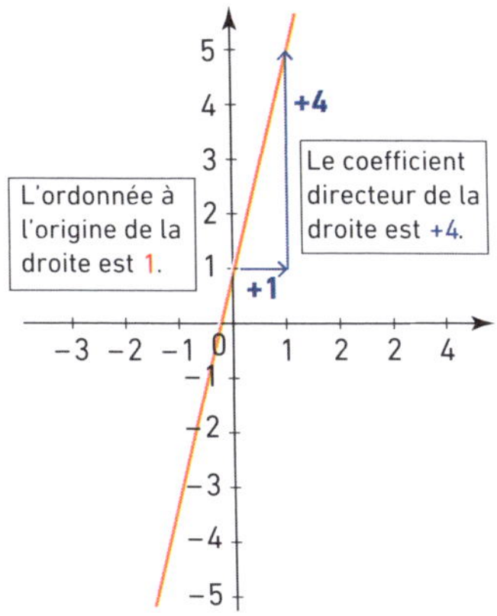

EXERCICE RÉSOLU 1

Énoncé

Dans le même repère, tracer les représentations graphiques des fonctions suivantes :

$f : x \mapsto -4x$ $\qquad$ $g : x \mapsto 3x + 2$ $\qquad$ $h : x \mapsto \dfrac{1}{3}x$ $\qquad$ $k : x \mapsto -2x - 1$

Résolution

On peut, au choix :

– placer deux points de la représentation graphique de chaque fonction en calculant les images de deux nombres par la fonction ;

– utiliser l'ordonnée à l'origine, égale à zéro quand la fonction est linéaire, et le coefficient directeur.

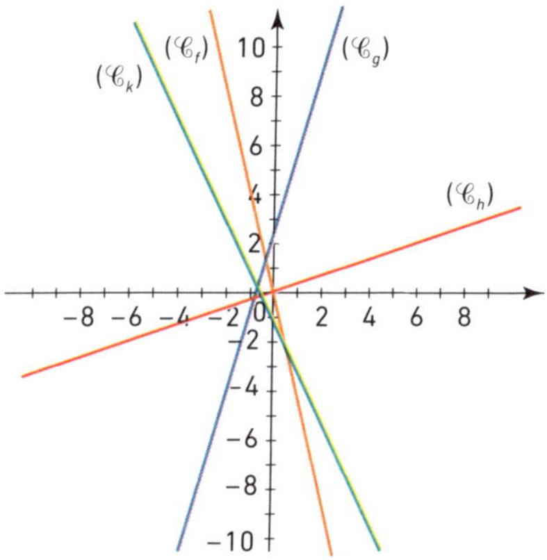

EXERCICE RÉSOLU 2

Énoncé

Déterminer graphiquement les expressions algébriques des fonctions f_1, f_2, f_3 et f_4 dont les droites (d_1), (d_2), (d_3) et (d_4) sont les représentations graphiques respectives.

Résolution

Il faut lire, pour chaque droite, l'ordonnée à l'origine et le coefficient directeur.

$f_1 : x \mapsto 3x$

$f_2 : x \mapsto x + 2$

$f_3 : x \mapsto -2x + 3$

$f_4 : x \mapsto -\frac{1}{2}x$

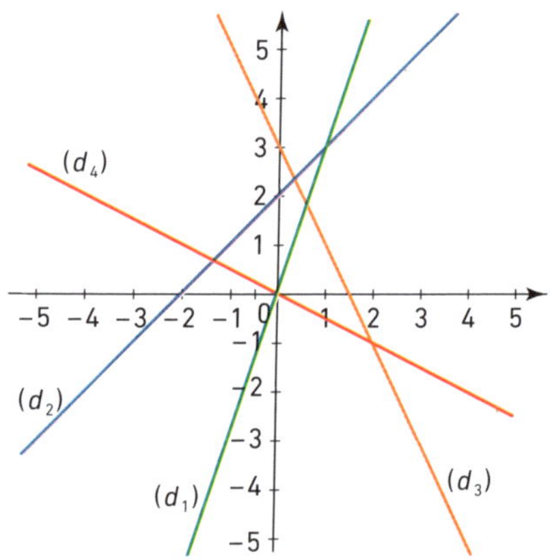

Pourcentages et fonctions linéaires

- À revoir
- OK

37

COURS

- Prendre **5** % d'une quantité x revient à la multiplier par $\frac{5}{100} = \mathbf{0{,}05}$.

Cette situation de proportionnalité est modélisée par la fonction linéaire $x \mapsto \mathbf{0{,}05}x$.

- Augmenter une quantité x de **5** % revient à la multiplier par $1 + \frac{5}{100} = 1 + 0{,}05 = \mathbf{1{,}05}$.

Cette situation de proportionnalité est modélisée par la fonction linéaire $x \mapsto \mathbf{1{,}05}x$.

- Diminuer une quantité x de **5** % revient à la multiplier par $1 - \frac{5}{100} = 1 - 0{,}05 = \mathbf{0{,}95}$.

Cette situation de proportionnalité est modélisée par la fonction linéaire $x \mapsto \mathbf{0{,}95}x$.

EXERCICE RÉSOLU 1

Énoncé

Compléter le tableau suivant en associant à chaque situation un coefficient multiplicateur et la fonction linéaire qui la modélise.

	coefficient multiplicateur	fonction linéaire
1. Prendre 25 % d'une quantité x.	....	$x \mapsto$ x
2. Diminuer de 20 % une quantité x.	....	$x \mapsto$ x
3. Augmenter de 18 % une quantité x.	....	$x \mapsto$ x

Résolution

1. Prendre 25 % d'une quantité x revient à multiplier cette quantité par $\frac{25}{100} = 0{,}25$. La fonction linéaire qui modélise cette situation est $x \mapsto 0{,}25x$.

2. Diminuer de 20 % une quantité x revient à multiplier cette quantité par $1 - \frac{20}{100} = 0{,}8$. La fonction linéaire qui modélise cette situation est $x \mapsto 0{,}8x$.

3. Augmenter de 18 % une quantité x revient à multiplier cette quantité par $1 + \frac{18}{100} = 1{,}18$. La fonction linéaire qui modélise cette situation est $x \mapsto 1{,}18x$.

EXERCICE RÉSOLU 2

Énoncé

En 2012, la part des 12-17 ans équipés d'un smartphone a augmenté d'environ 20 %.

1. Quelle est la fonction linéaire qui modélise cette augmentation ?

2. Au début de l'année 2012, le pourcentage des 12-17 ans qui possédaient un smartphone était de 46 % alors qu'au début de l'année 2015, il était de 81 %. L'augmentation s'est-elle poursuivie, en moyenne, au même rythme que lors de l'année 2012 ?

Résolution

1. Si x désigne la part des 12-17 équipés d'un smartphone, cette fonction linéaire est $x \mapsto 1{,}2x$ car $1{,}2 = 1 + \frac{20}{100}$.

2. En supposant que l'augmentation s'est poursuivie en moyenne au rythme de 20 % par an :

$1{,}2 \times 46 = 55{,}2$ $\quad$ $1{,}2 \times 55{,}2 = 66{,}24$ $\quad$ $1{,}2 \times 66{,}24 = 79{,}488$

Successivement en début d'années 2013, 2014 puis 2015, ce pourcentage était de 55,2 %, 66,24 % puis 79,488 %.

Étant donné que 79,488 % est proche de 81 %, on peut donc considérer que l'augmentation s'est poursuivie en moyenne au rythme de 20 % par an.

EXERCICE RÉSOLU 3

Énoncé

Lors des soldes, Rami, qui accompagne sa mère et s'ennuie un peu, compare trois étiquettes pour passer le temps :

Valeur 120 € Soldé 105 €	Robe rouge 45 € – 30 %	SOLDES **SOLDES** *SOLDES* 25 € – 12,50 €

1. Quel est le plus fort pourcentage de remise ?

2. Est-ce que la plus forte remise en euros est la plus forte en pourcentage ?

D'après Pondichéry, avril 2016

Résolution

1. Le plus fort pourcentage de remise est celui de l'étiquette de droite car c'est la moitié du prix, soit 50 %.

2. La remise en euros sur l'étiquette de gauche est 120 – 105 = 15 €.

Sur l'étiquette centrale, la remise en euros est $\frac{30}{100} \times 45 = 0{,}3 \times 45 = 13{,}5$ €.

Sur l'étiquette de droite, la remise est 12,5 €.

Ainsi, la plus forte remise en euros n'est pas la plus forte en pourcentage.

FONCTIONS

1 **L'image de 5 par la fonction f définie par $f(x) = x^2 - 4$ est :**

- a. 6
- b. 3
- c. 21

2 **L'antécédent de − 3 par la fonction $f : x \mapsto 2x - 1$ est :**

- a. − 1
- b. − 7
- c. − 2

Pour les questions 3 et 4, on considère le tableau de valeurs ci-contre d'une fonction g :

x	−2	−1	0	1	2	3
$g(x)$	7	2	1	3	−2	−5

3 **L'image de 1 par la fonction g définie par le tableau de valeurs ci-dessus est :**

- a. 3
- b. 0
- c. 1

4 **L'antécédent de 2 par la fonction g définie par le tableau de valeurs ci-dessus est :**

- a. − 2
- b. − 1
- c. 2

Pour les questions 5 et 6, on considère une fonction h dont la représentation graphique est donnée ci-contre :

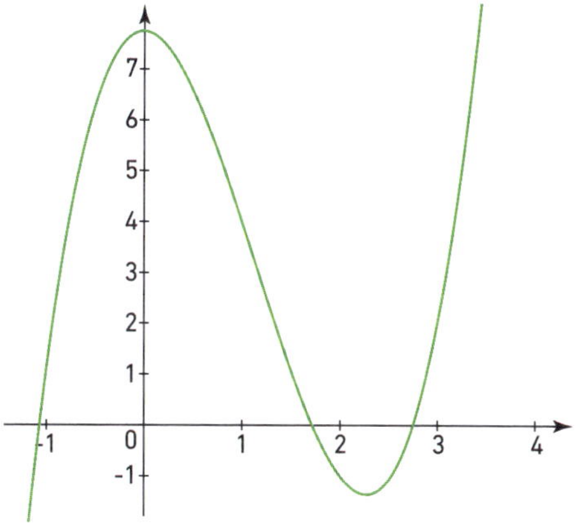

5 **L'image de 1 par la fonction h est :**

- a. − 1
- b. 1,5
- c. 4

6 **Un antécédent de 2 par la fonction h est :**

- a. − 1
- b. 3
- c. 1

7 **Parmi les fonctions suivantes, celle qui est linéaire est la fonction :**

- a. $f : x \mapsto 2x^2$
- b. $g : x \mapsto 4x$
- c. $h : x \mapsto -5x + 1$

Corrigés au verso

Corrigés

1 > c. $f(5) = 5^2 - 4$
$= 25 - 4$
$= 21.$

L'image de 5 par la fonction f est donc 21.

Voir **Fiche 30**

2 > a. On résout l'équation $f(x) = -3$.

$2x - 1 = -3$

$2x = -3 + 1$

$2x = -2$

$x = \frac{-2}{2} = -1$

Voir **Fiche 30**

3 > a. On cherche la valeur de x égale à 1 sur la première ligne du tableau. On lit son image dans la case de la même colonne de la seconde ligne du tableau. L'image de 1 par la fonction g est donc 3.

Voir **Fiche 31**

4 > b. On cherche une valeur de $g(x)$ égale à 2 sur la seconde ligne du tableau. On lit son antécédent dans la case de la même colonne de la première ligne du tableau. L'antécédent de 2 par la fonction g est donc – 1.

Voir **Fiche 31**

5 > c. On cherche sur la représentation graphique de la fonction h le point dont l'abscisse est 1, et on lit son ordonnée qui est égale à 4. L'image de 1 par la fonction h est donc 4.

Voir **Fiche 32**

6 > b. On cherche sur la représentation graphique de la fonction h un point dont l'ordonnée est 2, et on lit son abscisse. Un antécédent de 2 par la fonction h est donc 3.

Voir **Fiche 32**

7 > b. La fonction f n'est pas linéaire car il y a x^2 dans l'expression littérale de son image. La fonction h est affine. La fonction linéaire est donc la fonction g car son image est bien de la forme ax.

Voir **Fiche 34**

Moyenne et étendue d'une série statistique

À revoir
OK

COURS

- La **moyenne** d'une série statistique est égale à la somme des valeurs de la série divisée par l'effectif total.

Pour une même somme de toutes les valeurs d'une série statistique, si toutes les valeurs de la série étaient égales, elles seraient toutes égales à la moyenne.

- L'**étendue** d'une série statistique est la différence entre la plus grande et la plus petite des valeurs de la série.

L'étendue permet d'évaluer la **dispersion** d'une série statistique : plus l'étendue est grande, plus les valeurs de la série sont dispersées.

Exemple :

On considère la série statistique suivante :

5 ; 8 ; 10 ; 10 ; 12 ; 13 ; 14 ; 15 ; 17 ; 17 ; 18

$$\frac{5+8+10+10+12+13+14+15+17+17+18}{11} \approx 12,6$$

La moyenne de cette série statistique est environ 12,6.

L'étendue de cette série statistique est 18 – 5 = 13.

EXERCICE RÉSOLU 1

Énoncé

Une cible de tir à l'arc est formée de 10 cercles concentriques numérotés de 1 à 10 points.

Lors de la finale des Jeux Olympiques de Rio en 2016, le français Jean-Charles Valladont, médaillé d'argent, a atteint les zones indiquées dans le tableau ci-dessous :

zone	8	9	10
effectif	3	6	6

Peut-il être néanmoins satisfait de sa finale sachant que la moyenne de ses tirs lors des matches précédents était d'environ 8,95 points ?

Résolution

3 + 6 + 6 = 15. Cet archer a tiré 15 flèches.

$$\frac{3\times8+6\times9+6\times10}{15} = 9,2$$

La moyenne de ses tirs est 9,2 donc il a mieux tiré en finale que dans les tours précédents. Il peut donc être satisfait de sa finale.

EXERCICE RÉSOLU 2

Énoncé

Des élèves font germer des graines de soja. Le diagramme en bâtons ci-contre donne la taille des 100 plantules obtenues 7 jours après la germination.

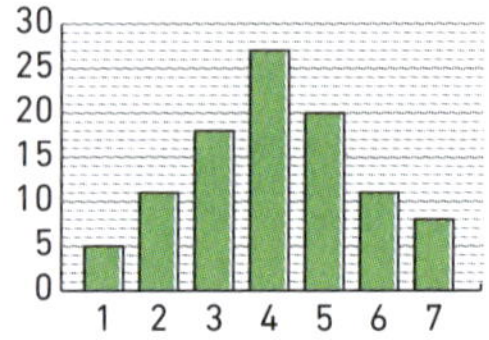

1. Y a-t-il des graines qui n'ont pas germé ?
2. Quelle est la taille moyenne des plantules obtenues ?
3. Quelle est l'étendue de cette série statistique ? À quoi correspond-elle ?

Résolution

1. Toutes les graines ont germé car aucune plantule ne mesure 0 cm.
2. $\frac{5\times1+11\times2+18\times3+27\times4+20\times5+11\times6+8\times7}{100}=4{,}11$

La taille moyenne des plantules obtenues est 4,11 cm.

3. L'étendue de cette série statistique est 7 – 1 = 6 cm. Elle correspond à la différence de taille entre la plus grande plantule et la plus petite.

EXERCICE RÉSOLU 3

Énoncé

Le tableau ci-dessous donne la répartition de la population française en classes d'âge pour la France entière en 2015.

âge	$n < 20$	$20 \leqslant n < 40$	$40 \leqslant n < 60$	$60 \leqslant n < 80$	$80 \leqslant n < 100$	$100 \leqslant n$
effectif (en millions)	15,66	15,48	17,20	12,15	3,77	0,02

Source : Insee

Calculer l'âge moyen arrondi au dixième de la population française en 2015 (on pourra limiter la dernière classe d'âge à 110 ans).

Résolution

15,66 + 15,48 + 17,20 + 12,15 + 3,77 + 0,03 = 64,28

En 2015, il y avait environ 64,28 millions d'habitants en France.

$$\frac{15{,}66\times10+15{,}48\times30+17{,}20\times50+12{,}15\times70+3{,}77\times90+0{,}03\times105}{64{,}28}\approx 41{,}6$$

En 2015, l'âge moyen de la population française était environ 41,6 ans.

Médiane d'une série statistique

À revoir
OK

39

COURS

- Les valeurs d'une série statistique étant rangées dans l'ordre croissant, la médiane de cette série est une valeur qui partage la série en deux séries de même effectif.

— si la série est d'effectif impair, égal à $2n + 1$, la médiane est la $(n + 1)$-ième valeur, c'est-à-dire la valeur rangée au centre de la série ;

— si la série est d'effectif pair, égal à $2n$, la médiane est la moyenne des n-ième et $(n + 1)$-ième valeurs, c'est-à-dire la moyenne des deux valeurs rangées au centre de la série.

Exemples :

On considère la série statistique suivante d'effectif impair :
L'effectif est égal à $11 = 2 \times 5 + 1$.

5 ; 8 ; 10 ; 10 ; 12 ; **13** ; 14 ; 15 ; 17 ; 17 ; 18

5 valeurs — 5 valeurs

médiane : **13**

On considère la série statistique suivante d'effectif pair :
L'effectif est égal à $12 = 2 \times 6$.

5 ; 8 ; 10 ; 10 ; 12 ; **13 ; 14** ; 15 ; 17 ; 17 ; 18 ; 19

6 valeurs — 6 valeurs

médiane : $\frac{13 + 14}{2} = 13{,}5$

EXERCICE RÉSOLU 1

Énoncé

Le graphique ci-contre montre l'évolution du SMIC horaire brut (en euros) de l'année 2007 à l'année 2016 (source INSEE).

Quelle est la médiane de cette série statistique ?

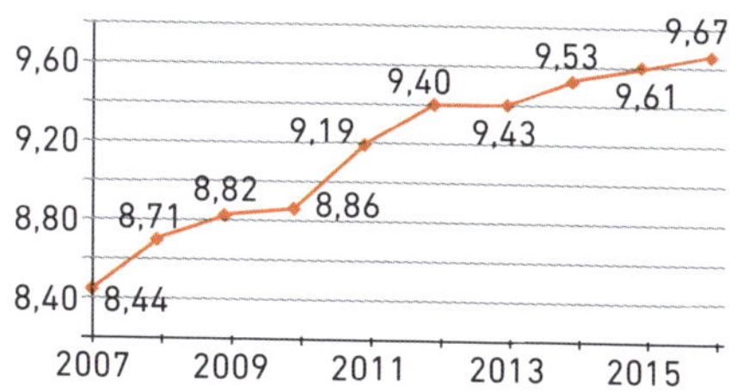

Résolution

L'effectif est pair, égal à 10. La médiane est donc la moyenne des deux valeurs rangées au centre de la série, c'est-à-dire de la 5-ième et de la 6-ième valeur.

$\frac{9{,}19+9{,}40}{2}=9{,}295.$ La médiane de cette série statistique est 9,295 (euros).

EXERCICE RÉSOLU 2

Énoncé

Le tableau ci-dessous donne la répartition des médailles d'or par pays médaillés d'or aux Jeux Olympiques de Rio en 2016.

nombre de médailles d'or	46	27	26	19	17	12	10	9	8	7	6	5	4	3	2	1
effectif	1	1	1	1	1	1	1	1	4	2	2	2	3	6	11	21

Quel est le nombre médian de médailles d'or reçues par ces pays ?

Résolution

L'effectif est impair, égal à 59. La médiane est donc la valeur rangée au centre de la série. 59 = 2 × 29 + 1, donc c'est la 30-ième valeur de la série.

La médiane est égale à 2.

EXERCICE RÉSOLU 3

Énoncé

Le tableau ci-dessous donne la réparation des ménages en France en fonction du nombre de personnes qui les composent.

nombre de personnes du ménage	1	2	3	4	5	6 et plus
nombre de ménages (en milliers)	9 512,2	9 115,7	3 941,4	3 314,7	1 228,8	455,2

Source : INED

Calculer la médiane de cette série statistique et l'interpréter.

Résolution

9 512,2 + 9 115,7 + 3 941,4 + 3 314,7 + 1 228,8 + 455,2 = 27 568,0

Il y a 27 568 milliers de ménages en France.

L'effectif de la série est pair. La médiane est donc la moyenne des deux valeurs rangées au centre de la série. Ces deux valeurs sont des 2. La médiane est donc égale à 2. Au moins la moitié des ménages français sont constitués de 2 personnes ou plus.

Étudier une série statistique

À revoir
OK

40

COURS

- La moyenne et la médiane d'une série statistique sont des caractéristiques de position : ce sont des valeurs autour desquelles sont positionnées les autres valeurs de la série.
- L'étendue est une caractéristique de dispersion : elle mesure l'éparpillement des valeurs de la série.

Exemple : La documentaliste d'un collège a calculé que, pour une année scolaire, le nombre moyen de livres empruntés est 15, le nombre médian de livres empruntés est 8 et l'étendue des livres empruntés est 32.

Un élève de ce collège qui a emprunté 10 livres peut donc se dire qu'il emprunte plus de livres qu'au moins 50 % des élèves, puisque la médiane est 8. Dans un même temps, il peut également se dire que si tout le monde empruntait le même nombre de livres, il en emprunterait 5 de plus par an, puisque la moyenne est 15. Enfin, il peut trouver une explication à l'écart important entre le nombre moyen et le nombre médian de livres empruntés par le fait que l'étendue est importante.

EXERCICE RÉSOLU 1

Énoncé

Un professeur estime que le temps de réaction à une stimulation augmente quand on écoute de la musique et souhaite le prouver à ses élèves.

Il leur fait donc passer 100 tests de réactivité : 50 sans musique et 50 avec musique.

Les résultats sont représentés ci-contre par un diagramme en bâtons.

Le professeur a-t-il raison de penser ainsi ?

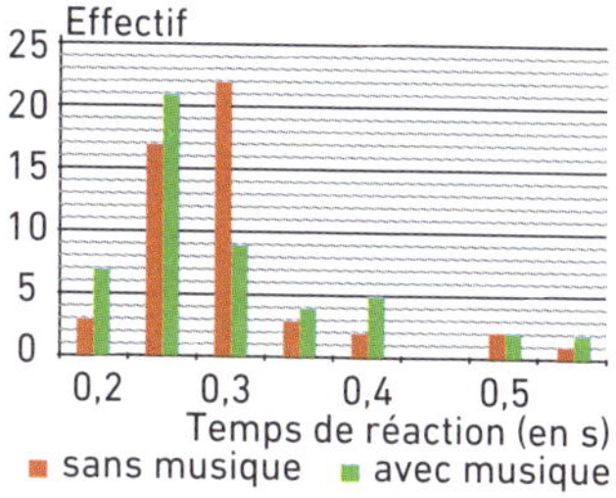

Résolution

$$\frac{3\times0{,}2+17\times0{,}25+\ldots+2\times0{,}5+1\times0{,}55}{50}=0{,}297$$

$$\frac{7\times0{,}2+21\times0{,}25+\ldots+2\times0{,}5+2\times0{,}55}{50}=0{,}297$$

Les temps de réaction moyens sont les mêmes avec ou sans musique.

Les deux séries statistiques sont d'effectifs pairs, égaux à 50. Dans chacun des cas, la médiane est donc la moyenne des deux valeurs rangées au centre de chaque série, c'est-à-dire la moyenne des 25-ième et 26-ième valeurs.

$\frac{0,3+0,3}{2}=0,3$ donc le temps de réaction médian sans musique est 0,3 s.

$\frac{0,25+0,25}{2}=0,25$ donc le temps de réaction médian avec musique est 0,25 s.

Le professeur a donc tort de penser que l'écoute de la musique augmente le temps de réaction.

EXERCICE RÉSOLU 2

Énoncé

Document 1	Document 2
Le salaire moyen brut[1] des Français s'établissait en 2010 à 2 764 € par mois. *Étude publiée par l'INSEE en juin 2012* (1) *Le salaire moyen brut est le salaire non soumis aux charges*	La population française est estimée en 2010 à 65 millions d'habitants.

Document 3

« Encore un peu moins d'argent dans le porte-monnaie des Français en 2010. Le salaire médian brut est égal à 1 610 € par mois et le niveau de vie des français a baissé par rapport à 2009.
D'ailleurs, le taux de pauvreté enregistré en cette année 2010 est le plus haut jamais observé depuis 1997. Il concerne 8,6 millions de Français qui vivent donc en dessous du seuil de pauvreté évalué à 964 € par mois. »

Extrait d'un reportage diffusé sur BFMTV en septembre 2012

1. En France, le salaire que touche effectivement un employé est égal au salaire brut, diminué de 22 % et est appelé le salaire net. Montrer que le salaire net moyen que percevait un Français en 2010 était de 2 155,92 €.
2. Expliquer à quoi correspond le salaire médian brut.
3. Comparer le salaire médian brut et le salaire moyen brut des Français. Comment peut-on expliquer cette différence ?

D'après Amérique du sud, novembre 2013

Résolution

1. $1-\frac{22}{100}=0,78$. $0,78\times 2\,764=2\,155,92$
Ainsi, le salaire net moyen que percevait un Français en 2010 était 2 155,92 €.

2. Le salaire médian brut est le salaire qui partage la population française en deux séries d'effectifs égaux : au moins la moitié des Français gagne moins de 1 610 € par mois et au moins la moitié gagne plus.

3. $2\,764-1\,610=1\,154$. Le salaire moyen brut était supérieur de 1 154 € au salaire médian brut. Cela s'explique par de fortes disparités salariales en France. Les personnes qui gagnent plus que le salaire moyen brut gagnent pour un grand nombre d'entre elles nettement plus de 2 764 € par mois en 2010.

Expérience aléatoire et événement

- À revoir
- OK

41

COURS

● On appelle **expérience aléatoire** une expérience qui vérifie les deux conditions suivantes :

— plusieurs résultats, appelés issues, sont possibles ;

— on ne peut pas prévoir à l'avance quel en sera le résultat.

Exemple : expérience aléatoire 1

Tirer une boule dans l'urne ci-contre où les boules, numérotées de 1 à 5, sont indiscernables au toucher et observer le nombre obtenu est une expérience aléatoire dont les issues sont 1, 2, 3, 4 et 5.

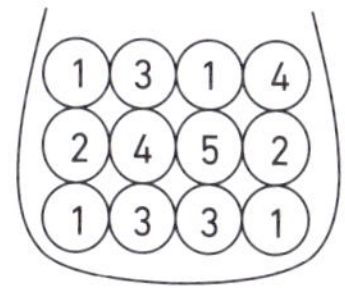

● On appelle **événement** un ensemble d'issues d'une expérience aléatoire.

Exemple : expérience aléatoire 1

« Obtenir un nombre pair » est un événement constitué des issues 2 et 4. « Obtenir un nombre premier » est un événement constitué des issues 2, 3 et 5. « Obtenir un 3 » est un événement constitué de la seule issue 3.

● Un événement est dit **certain** s'il se réalise nécessairement.

Un événement est dit **impossible** s'il ne peut pas se réaliser.

Deux événements sont dits **incompatibles** s'ils ne peuvent pas se réaliser en même temps.

● **L'événement contraire** d'un événement est celui qui se réalise lorsque l'événement n'a pas lieu.

Exemple : expérience aléatoire 1

« Obtenir un nombre positif » et « Obtenir un entier compris entre 1 et 5 » sont des événements certains.

« Obtenir un nombre négatif » et « Obtenir un nombre strictement supérieur à 5 » sont des événements impossibles.

Les événements « Obtenir un nombre pair » et « Obtenir un multiple de 3 » sont incompatibles.

Les événements « Obtenir un nombre pair » et « Obtenir un nombre impair » sont des événements contraires.

EXERCICE RÉSOLU 1

Énoncé

Les expériences ci-après sont-elles des expériences aléatoires ? Si c'est le cas, donner toutes les issues.

Expériences aléatoires :

1. On lance une fléchette sur une cible circulaire puis on observe si la cible est atteinte et en quelle zone.
2. On lance sans viser une pièce de monnaie sur un sol carrelé et on observe si la pièce touche le bord d'un carreau.

Résolution

L'expérience 1. n'est pas une expérience aléatoire car la fléchette n'est pas lancée sans regarder la cible. L'expérience 2. est une expérience aléatoire. Les issues de l'expérience 2. sont « la pièce touche le bord d'un carreau » et « la pièce ne touche pas le bord d'un carreau ».

EXERCICE RÉSOLU 2

Énoncé

On lance un dé à 8 faces numérotées de 1 à 8. Pour chacun des événements suivants, citer toutes les issues qui permettent de le réaliser.

1. « Obtenir un nombre pair ».
2. « Obtenir un multiple de 2 ou de 3 ».
3. « Obtenir un nombre premier ».
4. « Obtenir un multiple de 2 et de 3 ».

Résolution

1. Les issues sont 2 ; 4 ; 6 et 8.
2. Les issues sont 2 ; 3 ; 4 ; 6 et 8.
3. Les issues sont 2 ; 3 ; 5 et 7.
4. L'issue est 6.

EXERCICE RÉSOLU 3

Énoncé

On tire au hasard une carte dans un jeu de 32 cartes indiscernables au toucher.

1. Les événements « Obtenir un roi » et « Obtenir un carreau » sont-ils incompatibles ?
2. Quel est l'événement contraire de l'événement « Tirer une figure » ?

Résolution

1. Les événements « Obtenir un roi » et « Obtenir un carreau » ne sont pas incompatibles car on peut tirer le roi de carreau.
2. L'événement contraire de l'événement « Tirer une figure » est « Tirer un 7 ou un 8 ou un 9 ou un 10 ou un as ».

Probabilité d'un événement

À revoir
OK

42

COURS

▶ Vidéo

● Lorsqu'on répète un très grand nombre de fois une expérience aléatoire, la fréquence de chaque issue se rapproche d'une valeur particulière. Cette valeur est la probabilité de cette issue.

Exemple : expérience aléatoire 1 (voir fiche 41)

En répétant 10 000 fois cette expérience aléatoire, on obtient les fréquences suivantes des issues 1, 2, 3, 4 et 5.

issue	1	2	3	4	5
fréquence	0,3363	0,1694	0,2446	0,1667	0,083

Ces fréquences se rapprochent de valeurs théoriques qui peuvent être obtenues par comparaison du nombre de boules de chaque numéro présentes dans l'urne. Ces valeurs sont les probabilités des issues 1, 2, 3, 4 et 5.

issue	1	2	3	4	5
probabilité	$\frac{4}{12}$	$\frac{2}{12}$	$\frac{3}{12}$	$\frac{2}{12}$	$\frac{1}{12}$

● La probabilité d'un événement A est égale à la somme des probabilités des issues qui réalisent cet événement. Cette probabilité est notée $p(A)$.

EXERCICE RÉSOLU 1

Énoncé

Une bouteille opaque et impossible à ouvrir contient 35 billes qui sont soit bleues soit rouges. Seul un petit trou dans le bouchon permet de voir la couleur d'une seule bille à la fois quand on renverse la bouteille.

Ahmed sait que la bouteille contient 35 billes et, pour connaître la proportion de chaque type de bille, organise, sur plusieurs jours avec ses amis, 10 000 répétitions de l'expérience aléatoire qui consiste à renverser la bouteille et noter la couleur de la bille qu'on voit par le trou du bouchon.

Il a obtenu les fréquences suivantes :

couleur de la bille	Rouge	Bleue
fréquence	0,400 3	0,599 7

1. Quelle estimation du nombre de billes de chaque couleur peut-on faire ?

2. Donner une estimation de la probabilité de tirer une bille rouge et une estimation de la probabilité de tirer une bille bleue.

Résolution

1. $0{,}4003 = \frac{4\,003}{10\,000}$ donc on peut estimer qu'environ $\frac{4\,003}{10\,000}$ième des billes sont rouges. $\frac{4\,003}{10\,000} \times 35 = 14{,}010\,5$ donc il doit y avoir 14 billes rouges dans la bouteille. Il y a donc vraisemblablement 21 billes rouges dans la bouteille.
2. On peut ainsi estimer que la probabilité de tirer une bille rouge est donc $\frac{14}{35}$ et la probabilité de tirer une bille bleue est $\frac{21}{35}$.

EXERCICE RÉSOLU 2

Énoncé

Un bus transporte des élèves pour une compétition multisports. Il y a là 10 joueurs de ping-pong, 12 coureurs de fond et 18 gymnastes. Lors d'un arrêt, ils sortent du bus en désordre.
1. Quelle est la probabilité que le premier sportif à sortir du bus soit un joueur de ping-pong ?
2. Quelle est la probabilité que le premier sportif à sortir du bus soit un coureur ou un gymnaste ?
3. Après cet arrêt, ils remontent dans le bus et ils accueillent un groupe de nageurs. Sachant que la probabilité que ce soit un nageur qui descende du bus en premier est de $\frac{1}{5}$, déterminer le nombre de nageurs présents dans le bus.

Asie, juin 2015

Résolution

1. Il y a 40 sportifs dans le bus dont 10 joueurs donc la probabilité que le premier sportif à sortir du bus soit un joueur de ping-pong est $\frac{10}{40}$.
2. Il y a 30 sportifs qui sont des coureurs ou des gymnastes donc la probabilité que le premier sportif à sortir du bus soit un coureur ou un gymnaste est $\frac{30}{40}$.
3. Soit x le nombre de nageurs qui se joignent au groupe. Il y a alors $x + 40$ personnes dans le bus et la probabilité que ce soit un nageur qui descende en premier du bus est alors $\frac{x}{x+40}$. Cette probabilité est égale à $\frac{1}{5}$ donc $\frac{x}{x+40} = \frac{1}{5}$.

10 nageurs sont présents dans le bus.

Propriétés des probabilités

- À revoir
- OK

43

COURS

- La probabilité d'un événement est comprise entre 0 et 1.

La probabilité de l'événement certain est égale à 1.

La probabilité de l'événement impossible est égale à 0.

La somme des probabilités des événements associés à chaque issue est égale à 1. En conséquence, la somme des probabilités figurant sur les branches, partant du même nœud, d'un arbre pondéré est égale à 1.

Exemple : expérience aléatoire 1 (voir fiche 41)

La probabilité de l'événement certain « Obtenir un nombre positif » est 1.

La probabilité de l'événement impossible « Obtenir un nombre négatif » est 0.

$p(1)+p(2)+p(3)+p(4)+p(5)=\frac{4}{12}+\frac{2}{12}+\frac{3}{12}+\frac{2}{12}+\frac{1}{12}=1$

Arbre pondéré des possibles

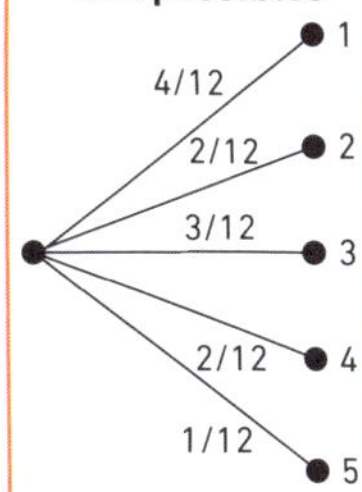

- Si deux événements A et B sont incompatibles, la probabilité que l'un ou l'autre se réalise est égale à la somme de leurs probabilités :

$$p(\textbf{A ou B}) = p(\textbf{A}) + p(\textbf{B})$$

Exemple : expérience aléatoire 1

Si C l'événement « Obtenir un 5 », P l'événement « Obtenir un nombre pair » et A l'événement « Obtenir un 5 ou un nombre pair » alors l'événement A est l'événement C ou P. Les événements C et P étant incompatibles, $p(\text{A})=p(\text{C})+p(\text{P})=\frac{1}{12}+\frac{4}{12}=\frac{5}{12}$

- La somme des probabilités d'un événement A et de son contraire non A est égale à 1 :

$$p(\textbf{A}) + p(\textbf{non A}) = 1 \text{ ou encore } p(\textbf{non A}) = 1 - p(\textbf{A})$$

Exemple : expérience aléatoire 1

Si P l'événement « Obtenir un nombre pair » et I l'événement « Obtenir un nombre impair » alors $p(\text{P})+p(\text{I})=\frac{4}{12}+\frac{8}{12}=1$

EXERCICE RÉSOLU 1

Énoncé

Maya s'est vue confiée par son professeur de mathématiques la tâche de réaliser une roue de loterie pour la fête de l'école. Cette roue doit être composée de 4 secteurs circulaires : un jaune, un vert, un bleu et un rouge.

Son professeur lui a seulement dit, qu'en faisant tourner la roue, la probabilité qu'elle s'arrête sur le secteur bleu doit être 0,35, celle qu'elle s'arrête sur le secteur vert doit être 0,25 et celle qu'elle s'arrête sur le secteur jaune doit être 0,15. Quel angle Maya doit-elle donner au secteur rouge ?

Résolution

La probabilité, qu'en faisant tourner la roue, elle s'arrête sur un secteur autre que le rouge est $0{,}35 + 0{,}15 + 0{,}25 = 0{,}75$.

Ainsi, la probabilité que la roue s'arrête sur le secteur rouge doit être $1 - 0{,}75 = 0{,}25$.

$0{,}25 = \frac{1}{4}$ donc un quart des 360° de l'angle au centre de la roue de loterie est attribué au secteur rouge.

$\frac{1}{4} \times 360 = 90$. L'angle du secteur rouge doit être égal à 90°.

EXERCICE RÉSOLU 2

Énoncé

Après l'école, Youssef partage les gâteaux que lui a donnés sa mère avec ses copains. Malheureusement, il reste seulement 2 cannelés et 3 madeleines et Youssef n'aime pas les madeleines. Mais comme il est très poli, il laisse ses camarades se servir en premier. Il essaye alors d'évaluer rapidement les chances qu'il a de manger un cannelé si ses camarades prennent les gâteaux au hasard.

Calculer la probabilité que Youssef mange un cannelé.

Résolution

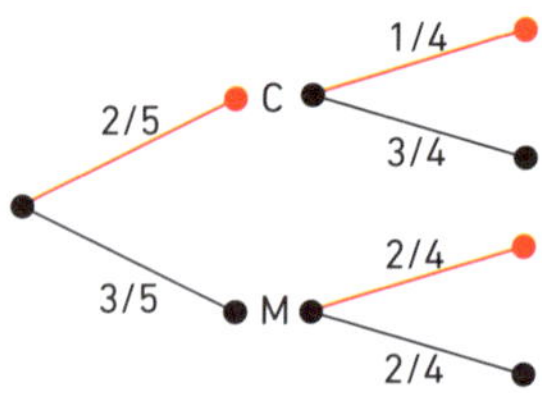

On peut représenter cette expérience aléatoire par l'arbre des pondérés ci-contre.

Le premier ami de Youssef a une probabilité égale à $\frac{2}{5}$ de prendre un cannelé (C). Si son premier camarade a pris un cannelé, le second a une probabilité égale à $\frac{1}{4}$ de prendre également un cannelé. La probabilité que les deux choisissent un cannelé est alors égale à $\frac{2}{5} \times \frac{1}{4} = \frac{2}{20} = \frac{1}{10}$.

La probabilité que Youssef puisse manger un cannelé est donc égale à $1 - \frac{1}{10} = \frac{9}{10}$.

STATISTIQUES ET PROBABILITÉS

Pour les questions 1, 2 et 3, on considère la série statistique suivante :

4 ; 2 ; 9 ; 10 ; 4 ; 6 ; 7

1 La moyenne de cette série est :

- a. 36
- b. Environ 6,3
- c. 6

2 La médiane de cette série statistique est :

- a. 6
- b. 10
- c. 6,5

3 L'étendue de cette série statistique est :

- a. 3
- b. 8
- c. 5,5

Pour les questions 4, 5 et 6, on considère la série statistique donnée par le tableau suivant :

Valeur	1	2	3	4	5
Effectif	4	6	2	3	5

4 La moyenne de cette série est :

- a. 2,95
- b. 7,5
- c. 0,75

5 La médiane de cette série statistique est :

- a. 3
- b. 2,5
- c. 2

6 L'étendue de cette série statistique est :

- a. 1
- b. 5
- c. 4

7 En lançant un dé équilibré à 6 faces numérotées de 1 à 6, la probabilité d'obtenir un nombre premier est :

- a. $\frac{1}{6}$
- b. 0,5
- c. $\frac{2}{3}$

8 En lançant un dé équilibré à 6 faces numérotées de 1 à 6, Taïna a obtenu un 6. Elle relance le dé. La probabilité qu'elle obtienne à nouveau un 6 est :

- a. Plus petite
- b. La même
- c. Plus grande

9 On tire une boule dans une urne contenant des boules numérotées 4 ; 24 ; 15 ; 27 ; 35. Les événements « Obtenir un multiple de 2 » et « Obtenir un multiple de 5 » sont des événements :

- a. Certains
- b. Impossibles
- c. Incompatibles

10 La probabilité d'un événement est $\frac{3}{8}$. La probabilité de son événement contraire est :

- a. 0,375
- b. 0,625
- c. 1

Corrigés au verso

Corrigés

1 > c. $\frac{4+2+9+10+4+6+7}{7}=6$

La moyenne de cette série statistique est 6.

Voir **Fiche 38**

2 > a. On ordonne la série statistique : 2 ; 4 ; 4 ; 6 ; 7 ; 9 ; 10.
L'effectif est impair, égal à 7, donc la médiane est la valeur de rang central, c'est-à-dire la 4e valeur. La médiane est 6.

Voir **Fiche 39**

3 > b. $10 - 2 = 8$

L'étendue de cette série statistique est 8.

Voir **Fiche 38**

4 > a. $\frac{1\times4+2\times6+3\times2+4\times3+5\times5}{4+6+2+3+5}=2{,}95$

La moyenne de cette série statistique est 2,95.

Voir **Fiche 38**

5 > b. L'effectif est pair, égal à 20 donc la médiane est la moyenne est deux valeurs de rangs centraux, c'est-à-dire la moyenne des 10e et 11e valeurs.
La médiane est donc $\frac{2+3}{2}=2{,}5$.

Voir **Fiche 39**

6 > c. $5 - 1 = 4$

L'étendue de cette série statistique est 4.

Voir **Fiche 38**

7 > b. Les nombres premiers compris entre 1 et 6 sont 2 ; 3 et 5. La probabilité d'obtenir un nombre premier est donc $\frac{3}{6}=0{,}5$.

Voir **Fiche 42**

8 > b. La probabilité d'obtenir un 6 est $\frac{1}{6}$ au premier lancer et ne change pas au second lancer.

Voir **Fiche 42**

9 > c. Il n'y a pas de nombre qui soit à la fois multiple de 2 et 5 dans cette urne. Les événements sont donc incompatibles.

Voir **Fiche 43**

10 > b. $1-\frac{3}{8}=\frac{8}{8}-\frac{3}{8}=\frac{5}{8}=0{,}625$

Voir **Fiche 43**

Le théorème de Pythagore

COURS

- Si un triangle est rectangle, alors le carré de la longueur de son hypoténuse est égal à la somme des carrés des longueurs des deux autres côtés.

Si ABC est un triangle rectangle en A, alors $BC^2 = AB^2 + AC^2$.

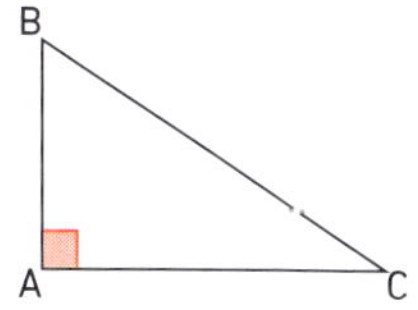

EXERCICE RÉSOLU 1

Énoncé

DEF est un triangle rectangle en F tel que DE = 7,1 cm et DF = 4,8 cm.
Calculer la longueur EF arrondie au millimètre.

Résolution

Le triangle DEF est rectangle en F donc :

$DE^2 = FE^2 + FD^2$

$7{,}1^2 = FE^2 + 4{,}8^2$

$50{,}41 = FE^2 + 23{,}04$

$FE^2 = 50{,}41 - 23{,}04$

$FE^2 = 27{,}37$

$FE = \sqrt{27{,}37} \approx 5{,}2$

La longueur FE est environ égale à 5,2 cm.

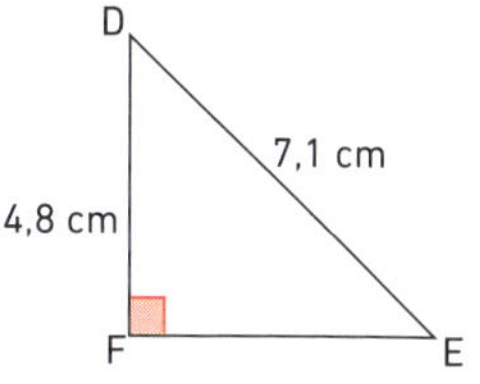

EXERCICE RÉSOLU 2

Énoncé

Joël et Latifa veulent tourner le lit de leur chambre à coucher de façon à ce que la tête du lit soit sous la fenêtre. Latifa dit à Joël que ce ne sera pas possible sans défaire et redresser le lit. A-t-elle raison ? Pourquoi ?

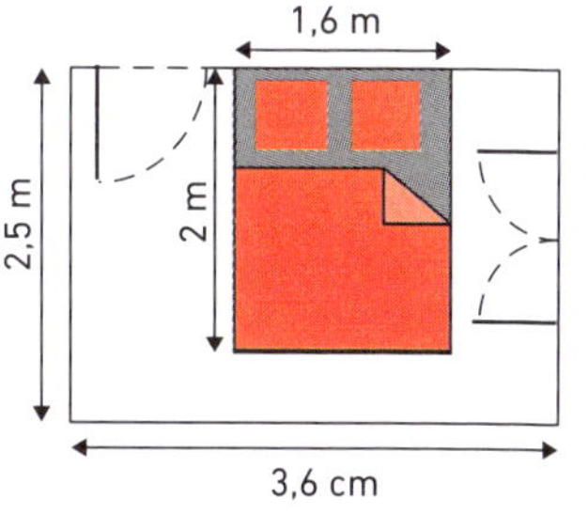

Résolution

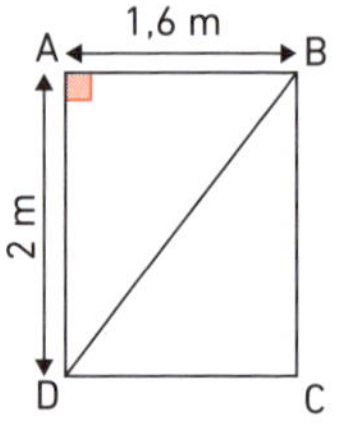

Le lit peut tourner sans être redressé si la diagonale du rectangle que forme le lit n'est pas plus longue que la largeur de la chambre.

Le triangle ABD est rectangle en A donc :

$BD^2 = AB^2 + AD^2 = 1{,}6^2 + 2^2 = 2{,}56 + 4 = 6{,}56$

$BD = \sqrt{6{,}56} \approx 2{,}56$

La longueur BD est environ égale à 2,56 m. On ne peut donc pas tourner le lit sans le redresser.

Latifa a donc raison.

EXERCICE RÉSOLU 3

Énoncé

ABCDEFGH est un pavé droit tel que AB = 6 cm et AE = AD = 4 cm.

Le rectangle MNPQ est la section de ce pavé droit par le plan parallèle à l'arête [EH] passant respectivement par les milieux M et N des arêtes [AE] et [EF].

Calculer l'aire du rectangle arrondie au dixième.

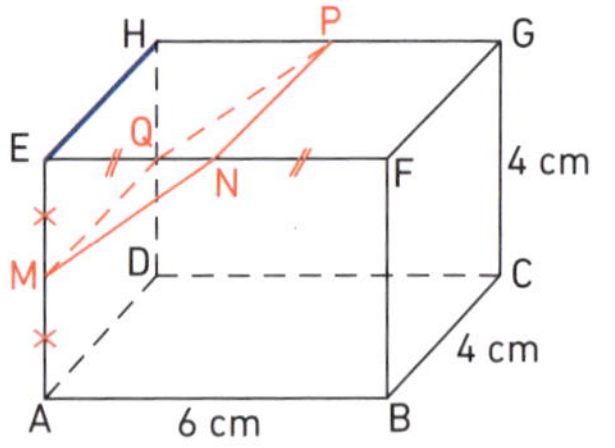

Résolution

Le triangle EMN est rectangle en E donc :

$MN^2 = EM^2 + EN^2 = 2^2 + 3^2 = 4 + 9 = 13$

$MN = \sqrt{13} \approx 3{,}6$

La longueur MN est environ égale à 3,6 cm.

Le segment [MQ] a la même longueur que l'arête [EH] du pavé droit donc MQ = 4 cm.

$\mathscr{A}(MNPQ) = MN \times MQ \approx 3{,}6 \times 4 \approx 14{,}4\ \text{cm}^2$.

L'aire du rectangle MNPQ est environ égale à 14,4 cm².

Déterminer si un triangle est rectangle connaissant ses trois longueurs

À revoir
OK

45

COURS

- Réciproque du théorème de Pythagore : si le carré de la longueur d'un côté d'un triangle est égal à la somme des carrés des longueurs des deux autres côtés, alors ce triangle est rectangle et a pour hypoténuse ce côté.

Si ABC est un triangle tel que $\mathbf{BC^2 = AB^2 + AC^2}$, alors le **triangle ABC est rectangle en A**.

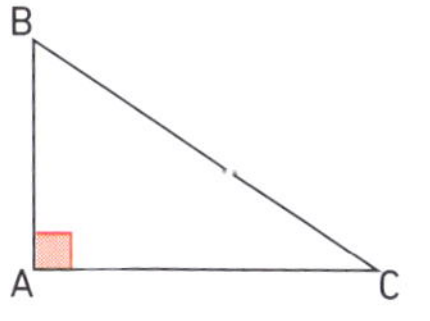

- Si le carré de la longueur du plus grand côté d'un triangle n'est pas égal à la somme des carrés des longueurs des deux autres côtés, alors ce triangle n'est rectangle.

Si ABC est un triangle, de plus grand côté [BC], tel que $BC^2 \neq AB^2 + AC^2$, alors le triangle ABC n'est pas rectangle.

EXERCICE RÉSOLU 1

Énoncé

JKL est un triangle tel que JK = 3,3 cm, KL = 6,5 cm et JL = 5,6 cm.
Ce triangle est-il rectangle ?

Résolution

$KL^2 = 6{,}5^2$
$= 42{,}25$

$JK^2 + JL^2 = 3{,}3^2 + 5{,}6^2$
$= 10{,}89 + 31{,}36$
$= 42{,}25$

$KL^2 = JK^2 + JL^2$ donc le triangle JKL est rectangle en J.

À noter

Si on peut construire une figure en vraie grandeur pour émettre une conjecture sur la nature du triangle JKL, il faut prendre garde aux apparences : un triangle peut sembler rectangle sans l'être. Une figure à main levée est cependant d'une aide précieuse pour visualiser la situation.

EXERCICE RÉSOLU 2

Énoncé

GHI est un triangle tel que GH = 7,1 cm, HI = 4,9 cm et GI = 8,6 cm.
Ce triangle est-il rectangle ?

Résolution

$GI^2 = 8{,}6^2 = 73{,}96$ $GH^2 + HI^2 = 7{,}1^2 + 4{,}9^2 = 50{,}41 + 24{,}01 = 74{,}42$

$GI^2 \neq GH^2 + HI^2$ donc le triangle GHI n'est pas rectangle.

EXERCICE RÉSOLU 3

Énoncé

Assembler dans le bon ordre les blocs suivants afin d'écrire un programme qui, quand on saisit les longueurs des trois côtés d'un triangle dans l'ordre croissant, indique si ce triangle est rectangle ou non.

1. demander [Quelle est la longueur du côté intermédiaire ?] et attendre
2. mettre [c ▾] à (réponse)
3. mettre [b ▾] à (réponse)
4. demander [Quelle est la longueur du plus grand côté ?] et attendre
5. dire [Ce triangle n'est pas rectangle]
6. mettre [a ▾] à (réponse)
7. demander [Quelle est la longueur du plus petit côté ?] et attendre
8. si < (a) * (a) = (b) * (b) + (c) * (c) > alors / sinon
9. quand [drapeau vert] cliqué
10. dire [Ce triangle est rectangle]

Résolution

Un ordre possible est **9.**, **7.**, **2.**, **1.**, **3.**, **4.**, **6.**, **8.**, **10.**, **5.**

Les variables a, b et c étant respectivement les longueurs du plus grand côté, du côté intermédiaire et du plus petit côté, on peut intervertir les variables b et c mais pas la variable a qui désigne nécessairement la longueur du plus grand côté en raison du test < (a) * (a) = (b) * (b) + (c) * (c) >

On teste donc l'égalité $a^2 = b^2 + c^2$ soit $a \times a = b \times b + c \times c$ puisque le carré n'existe pas dans Scratch. Si elle est vraie, alors le triangle est rectangle. Dans le cas contraire, il ne l'est pas.

Le théorème de Thalès

☐ À revoir
☐ OK

46

COURS

▶ Vidéo

- Soit (BN) et (AM) deux droites sécantes en O.
Si les droites (MN) et (AB) sont parallèles, alors $\frac{OM}{OA} = \frac{ON}{OB} = \frac{MN}{AB}$.

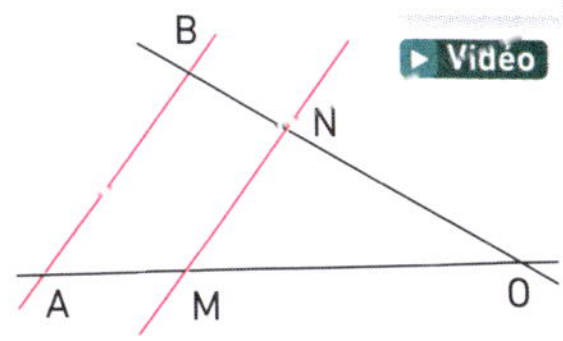

- Les longueurs des côtés du triangle OMN sont proportionnelles aux longueurs des côtés du triangle OAB.

Le tableau ci-dessous est un tableau de proportionnalité :

OM	ON	MN
OA	OB	AB

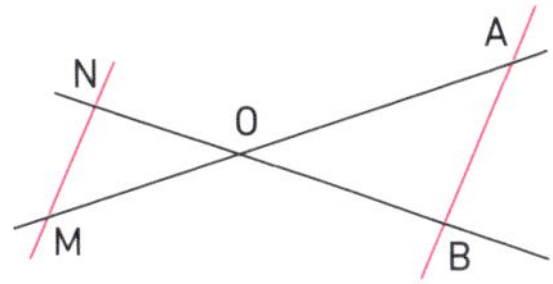

EXERCICE RÉSOLU 1

Énoncé

Sur la figure ci-contre, les droites (JK) et (LM) sont parallèles. On sait que IJ = 5,6 cm, IK = 6,4 cm, IL = 9,8 cm et LM = 7,7 cm.

Calculer les longueurs IM et JK.

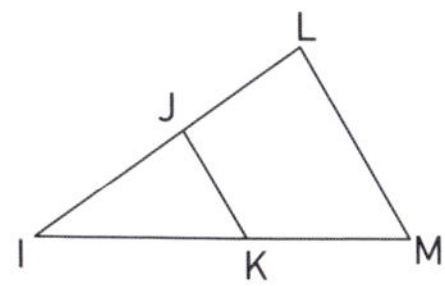

Résolution

Les droites (LJ) et (MK) sont sécantes en I et les droites (JK) et (LM) sont parallèles, donc :

$\frac{IJ}{IL} = \frac{IK}{IM} = \frac{JK}{LM}$ donc $\frac{5,6}{9,8} = \frac{6,4}{IM} = \frac{JK}{7,7}$

$\frac{5,6}{9,8} = \frac{6,4}{IM}$

$5,6 \times IM = 9,8 \times 6,4$

$5,6 \times IM = 62,72$

$IM = \frac{62,72}{5,6} = 11,2$

$\frac{5,6}{9,8} = \frac{JK}{7,7}$

$9,8 \times JK = 5,6 \times 7,7$

$9,8 \times JK = 43,12$

$JK = \frac{43,12}{9,8} = 4,4$

La longueur IM est égale à 11,2 cm et la longueur JK est égale à 4,4 cm.

EXERCICE RÉSOLU 2

Énoncé

Sur la figure ci-contre, les droites (AB) et (KL) sont parallèles.
Calculer les longueurs AB et JK.

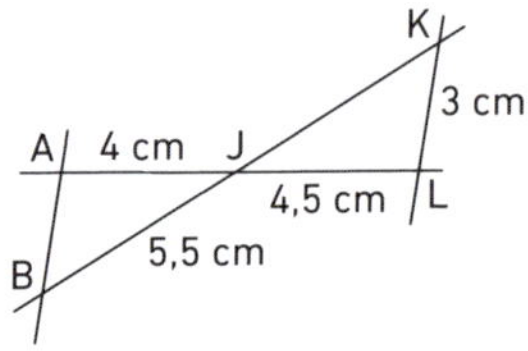

Résolution

Les droites (KB) et (LA) sont sécantes en J et les droites (AB) et (KL) sont parallèles, donc :

$\dfrac{JB}{JK} = \dfrac{JA}{JL} = \dfrac{AB}{KL}$ donc $\dfrac{5,5}{JK} = \dfrac{4}{4,5} = \dfrac{AB}{3}$

$\dfrac{5,5}{JK} = \dfrac{4}{4,5}$

$4 \times JK = 5,5 \times 4,5$

$JK = \dfrac{24,75}{4} \approx 6,2$

$\dfrac{4}{4,5} = \dfrac{AB}{3}$

$4,5 \times AB = 4 \times 3$

$AB = \dfrac{12}{4,5} \approx 2,7$

La longueur JK est environ égale à 6,2 cm et la longueur AB est environ égale à 2,7 cm.

EXERCICE RÉSOLU 3

Énoncé

Dans la figure ci-contre, qui n'est pas à l'échelle :
- les points D, P et A sont alignés et les points K, H et A sont alignés ;
- DA = 60 cm, DK = 11 cm et DP = 45 cm.

1. Calculer la longueur KA au millimètre près.
2. Calculer la longueur HP.

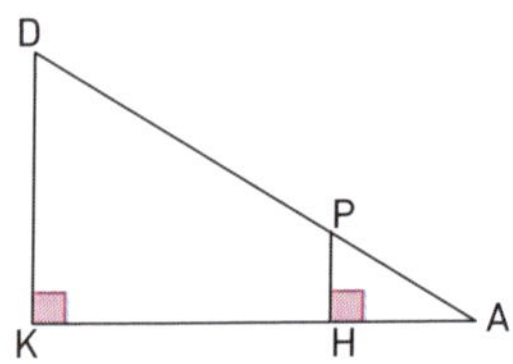

Métropole, juin 2015

Résolution

1. Le triangle DAK est rectangle en K donc $DA^2 = KA^2 + KD^2$, donc $60^2 = KA^2 + 11^2$, soit $3600 = KA^2 + 121$ donc $KA^2 = 3600 - 121 = 3479$. D'où $KA = \sqrt{3\,479} \approx 59,0$, donc la longueur KA est environ égale à 59,0 cm.

2. Les droites (KH) et (DP) sont sécantes en A et les droites (HP) et (KD) sont parallèles, car elles sont perpendiculaires à la droite (KA) donc :
$\dfrac{AH}{AK} = \dfrac{AP}{AD} = \dfrac{HP}{KD}$ donc $\dfrac{15}{60} = \dfrac{HP}{11}$, soit $60 \times HP = 11 \times 15$. D'où $HP = \dfrac{165}{60} = 2,75$ cm.

Déterminer si deux droites sont parallèles

☐ À revoir
☐ OK

47

COURS

- Réciproque du théorème de Thalès :

Soit (BN) et (AM) deux droites sécantes en O.
Si les points O, M, A et O, N, B sont rangés dans le même ordre et $\frac{OM}{OA} = \frac{ON}{OB}$, alors les droites (MN) et (AB) sont parallèles.

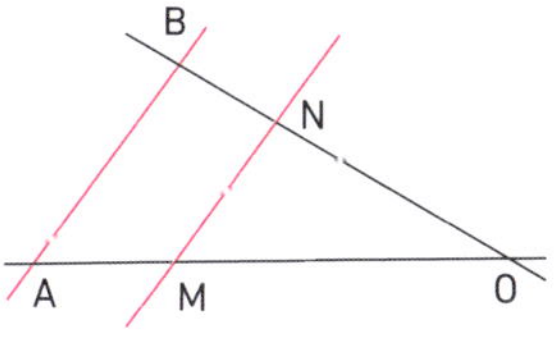

- Soit (BN) et (AM) deux droites sécantes en O.

Si $\frac{OM}{OA} \neq \frac{ON}{OB}$, alors les droites (MN) et (AB) ne sont pas parallèles.

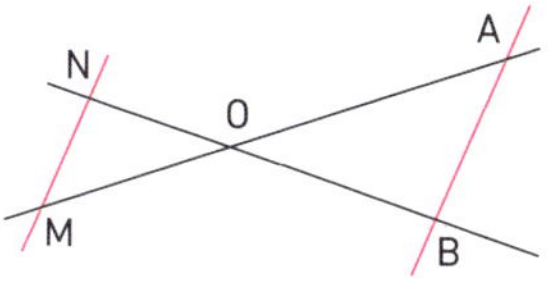

EXERCICE RÉSOLU 1

Énoncé

Sur la figure ci-contre, MN = 10,8 cm, MQ = 25,2 cm, MP = 13,2 cm et MR = 30,8 cm.
Les droites (NP) et (QR) sont-elles parallèles ?

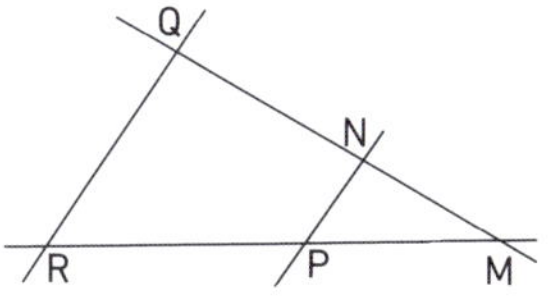

Résolution

$\frac{MN}{MQ} = \frac{10,8}{25,2} = \frac{3}{7}$ $\frac{MP}{MR} = \frac{13,2}{30,8} = \frac{3}{7}$

Les droites (RP) et (QN) sont sécantes en M, les points Q, N, M et R, P et M sont rangés dans le même ordre et $\frac{MN}{MQ} = \frac{MP}{MR}$ donc les droites (NP) et (QR) sont parallèles.

EXERCICE RÉSOLU 2

Énoncé

Sur la figure ci-contre, OD = 6 cm, OA = 17,5 cm, OR = 6,9 cm et OB = 20,2 cm.
Les droites (DR) et (BA) sont-elles parallèles ?

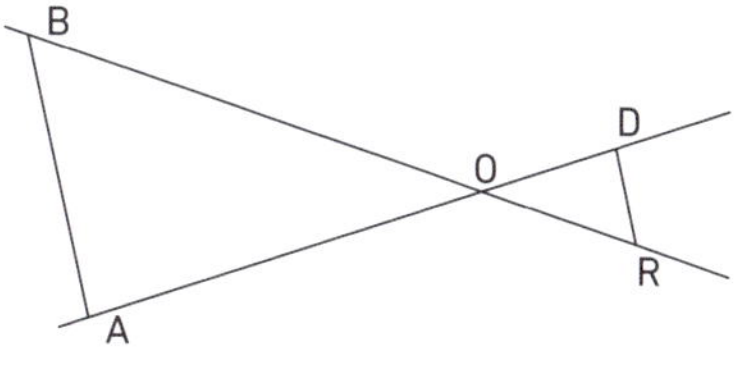

Résolution

$\frac{OD}{OA} = \frac{6}{17{,}5} \approx 0{,}343$ $\frac{OR}{OB} = \frac{6{,}9}{20{,}2} \approx 0{,}342$

Les droites (BR) et (AD) sont sécantes en M et $\frac{OD}{OA} \neq \frac{OR}{OB}$ donc les droites (DR) et (BA) ne sont pas parallèles

EXERCICE RÉSOLU 3

Énoncé

Le viaduc de Millau est un pont franchissant la vallée du Tarn, dans le département de l'Aveyron, en France. Il est constitué de 7 pylônes verticaux équipés chacun de 22 câbles appelés haubans.

Le schéma ci-contre, qui n'est pas à l'échelle, représente un pylône et deux de ses haubans.

On dispose des informations suivantes :

AB = 89 m; AC = 76 m; AD = 154 m; FD = 12 m et EC = 5 m.

1. Calculer la longueur du hauban [CD]. Arrondir au mètre près.

2. Les haubans [CD] et [EF] sont-ils parallèles ?

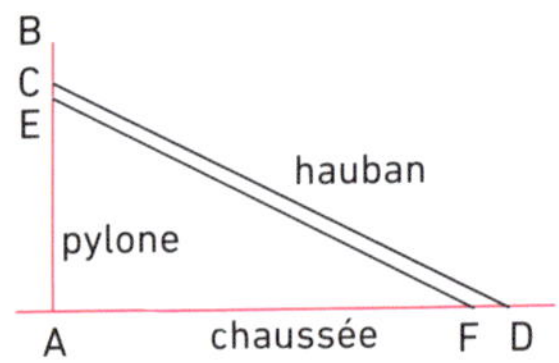

D'après Asie, juin 2016

Résolution

1. Le pylône est vertical et la chaussée peut être considérée horizontale donc le triangle ADC est rectangle en A. Ainsi,

$CD^2 = AD^2 + AC^2$

$CD^2 = 154^2 + 76^2$

$CD^2 = 23\ 716 + 5\ 776$

$CD^2 = 29\ 492$

$CD = \sqrt{29\ 492}$

$CD \approx 172$

Le hauban [CD] mesure environ 172 mètres.

2. $\frac{AE}{AC} = \frac{71}{76} \approx 0{,}93$

$\frac{AF}{AD} = \frac{142}{154} \approx 0{,}92$

Les droites (DF) et (CE) sont sécantes en A et $\frac{AE}{AC} \neq \frac{AF}{AD}$ donc les droites (CD) et (EF) ne sont pas parallèles. Ainsi, les haubans [CD] et [EF] ne sont pas parallèles.

Formules de trigonométrie et calculatrice

À revoir
OK

48

COURS

- Dans le triangle ABC rectangle en A :

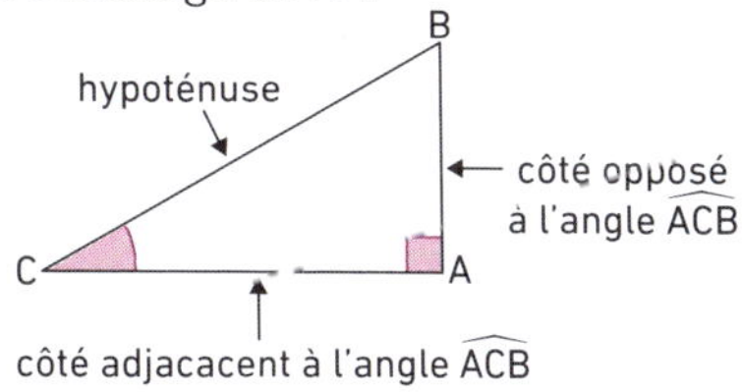

Le sinus de l'angle $\widehat{ACB}$, noté sin $\widehat{ACB}$, est le rapport :

$$\sin \widehat{ACB} = \frac{\text{longueur du côté opposé}}{\text{longueur de l'hypoténuse}} = \frac{BA}{BC}$$

Le cosinus de l'angle $\widehat{ACB}$, noté cos $\widehat{ACB}$, est le rapport :

$$\cos \widehat{ACB} = \frac{\text{longueur du côté adjacent}}{\text{longueur de l'hypoténuse}} = \frac{CA}{CB}$$

La tangente de l'angle $\widehat{ACB}$, notée tan $\widehat{ACB}$, est le rapport :

$$\tan \widehat{ACB} = \frac{\text{longueur du côté opposé}}{\text{longueur du côté adjacent}} = \frac{AB}{AC}$$

- **Utilisation de la calculatrice**

– Calculer une valeur, éventuellement approchée, du cosinus, du sinus ou de la tangente d'un angle dont on connaît la mesure :
on tape sur la touche [cos], [sin] ou [tan] de la calculatrice suivie de la mesure de l'angle.

Exemple : Pour calculer la tangente de 35°, on tape [tan] 35°. Ainsi, tan 35° ≈ 0,70.

– Déterminer une valeur, éventuellement approchée, de la mesure d'un angle dont on connaît le cosinus, le sinus ou la tangente :
on tape sur la touche [2nd], [SECONDE] ou [Shift] selon le modèle de calculatrice suivie de [cos], [sin] ou [tan] puis on saisit la valeur du cosinus, du sinus ou de la tangente de l'angle.

Exemple : Pour déterminer la mesure d'un angle dont le cosinus est 0,3, on tape [SECONDE] [cos] 0,3. Ainsi, cet angle mesure environ 73°.

EXERCICE RÉSOLU 1

Énoncé

Dans le triangle IJK ci-contre, calculer le cosinus, le sinus et la tangente de l'angle $\widehat{KIJ}$.

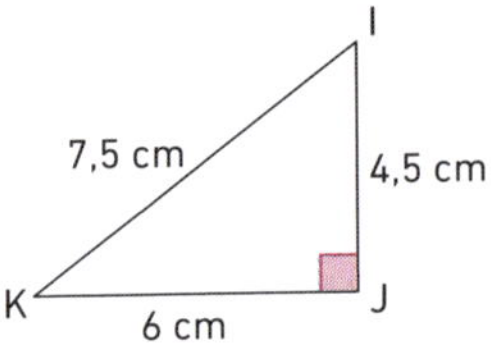

Résolution

Le triangle IJK est rectangle en A donc :

$\cos\widehat{KIJ} = \frac{IJ}{IK} = \frac{4,5}{7,5} = 0,6$ $\quad \sin\widehat{KIJ} = \frac{KJ}{KI} = \frac{6}{7,5} = 0,8$ $\quad \tan\widehat{KIJ} = \frac{JK}{JI} = \frac{6}{4,5} = \frac{4}{3}$

EXERCICE RÉSOLU 2

Énoncé

En utilisant la calculatrice, donner une valeur arrondie au centième de :

1. cos 71° **2.** sin 23° **3.** tan 52°

Résolution

1. On tape [cos] 71°. Ainsi, cos 71° ≈ 0,33. **2.** On tape [sin] 23°. Ainsi, sin 23° ≈ 0,39.

3. On tape [tan] 52°. Ainsi, tan 52° ≈ 1,28.

EXERCICE RÉSOLU 3

Énoncé

En utilisant la calculatrice, donner une valeur arrondie au degré de la mesure x de l'angle tel que :

1. $\cos x = 0,43$ **2.** $\sin x = 0,87$ **3.** $\tan x = 0,35$

4. $\cos x = \frac{5}{9}$ **5.** $\sin x = \frac{11}{17}$ **6.** $\tan x = \frac{23}{12}$

Résolution

1. On tape [2nd], [SECONDE] ou [Shift] suivi de [cos] 0,43. Ainsi, $x \approx 65°$.

2. On tape [2nd], [SECONDE] ou [Shift] suivi de [sin] 0,87. Ainsi, $x \approx 60°$.

3. On tape [2nd], [SECONDE] ou [Shift] suivi de [tan] 0,35. Ainsi, $x \approx 19°$.

4. On tape [2nd], [SECONDE] ou [Shift] suivi de [cos] $\frac{5}{9}$. Ainsi, $x \approx 56°$.

5. On tape [2nd], [SECONDE] ou [Shift] suivi de [sin] $\frac{11}{17}$. Ainsi, $x \approx 40°$.

6. On tape [2nd], [SECONDE] ou [Shift] suivi de [tan] $\frac{23}{12}$. Ainsi, $x \approx 62°$.

Calculer une longueur

☐ À revoir
☐ OK

49

COURS

- Dans un triangle rectangle, quand on connaît la mesure d'un des angles aigus du triangle et la longueur d'un de ses côtés, on peut calculer la longueur des autres côtés du triangle.

Exemple : Dans le triangle ABC rectangle en A, on souhaite calculer la longueur du côté [AC].

On connaît la mesure de l'angle $\widehat{ACB}$ et la longueur du côté [AB] opposé à cet angle : il faut donc utiliser la formule de la tangente.

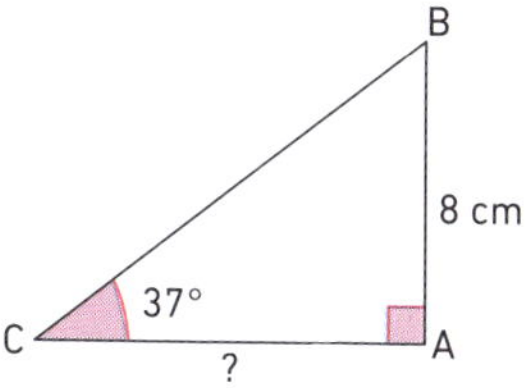

Le triangle ABC est rectangle en A,

$\tan \widehat{ACB} = \dfrac{AB}{AC}$

$\tan 37° = \dfrac{8}{AC}$

$AC \times \tan 37° = 8$

$AC = \dfrac{8}{\tan 37°}$

$AC \approx 10{,}6$ cm

EXERCICE RÉSOLU 1

Énoncé

Calculer la longueur du côté [PM] du triangle MPE ci-contre arrondie au millimètre.

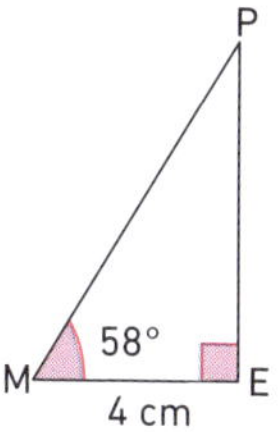

Résolution

Le triangle PME est rectangle en E,

$\cos \widehat{PME} = \dfrac{ME}{MP}$

$\cos 58° = \dfrac{4}{MP}$

$MP \times \cos 58° = 4$

$MP = \dfrac{4}{\cos 58°}$

$MP \approx 7{,}5$ La longueur MP est environ égale à 7,5 cm.

EXERCICE RÉSOLU 2

Énoncé

Calculer la longueur du côté [TV] du triangle TVA ci-contre arrondie au millimètre.

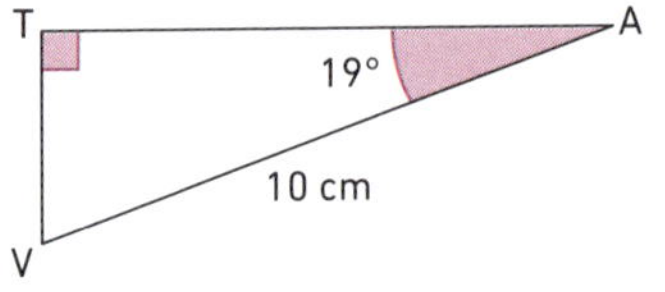

Résolution

Le triangle TVA est rectangle en T,

$\sin \widehat{TAV} = \dfrac{VT}{VA}$

$\sin 19° = \dfrac{VT}{10}$

$VT = 10 \times \sin 19°$

$VT \approx 3{,}3$

La longueur VT est environ égale à 3,3 cm.

EXERCICE RÉSOLU 3

Énoncé

Des ingénieurs de l'Office National des Forêts font le marquage d'un lot de pins destinés à la vente.

Ils estiment la hauteur des arbres de ce lot, en plaçant leur œil au point O.

Ils ont relevé que OA = 15 m, $\widehat{SOA} = 45°$ et $\widehat{AOP} = 25°$.

Calculer la hauteur h de l'arbre arrondie au mètre.

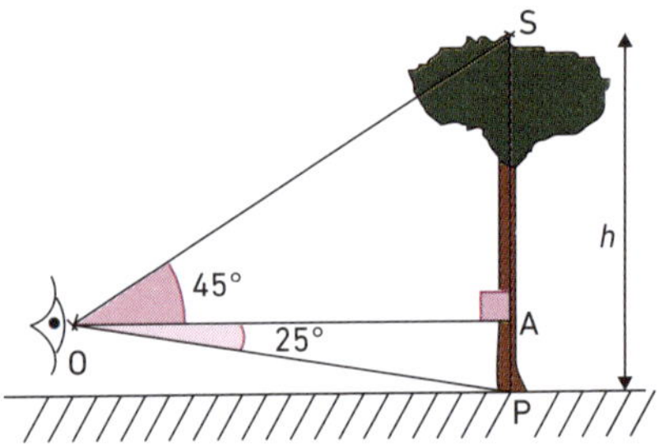

D'après Centres étrangers, juin 2015

Résolution

Le triangle SOA est rectangle en A,

$\tan \widehat{SOA} = \dfrac{AS}{AO}$

$\tan 45° = \dfrac{AS}{15}$

$AS = 15 \times \tan 45° = 15.$

Le triangle POA est rectangle en A,

$\tan \widehat{POA} = \dfrac{AP}{AO}$

$\tan 25° = \dfrac{AP}{15}$

$AP = 15 \times \tan 25° \approx 7.$

Donc $h = AS + AP \approx 15 + 7 \approx 22$

La hauteur h de l'arbre est environ 22 mètres.

Calculer la mesure d'un angle

☐ À revoir
☐ OK

50

▶ Vidéo

COURS

- Dans un triangle rectangle, quand on connaît la longueur de deux côtés, on peut calculer la mesure des angles du triangle.

Exemple :

Dans le triangle ABC rectangle en A, on souhaite calculer la mesure de l'angle $\widehat{ACB}$.

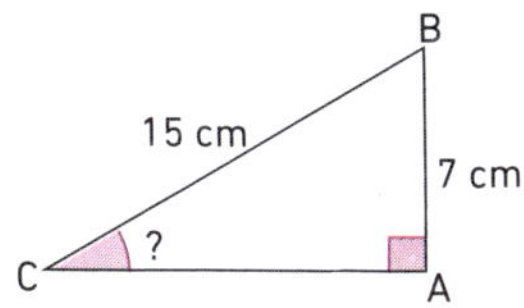

On connaît la longueur du côte [AB] opposé à cet angle et la longueur de l'hypoténuse [BC] : il faut donc utiliser la formule du sinus.

Le triangle ABC est rectangle en A,

$\sin \widehat{ACB} = \dfrac{BA}{BC} = \dfrac{7}{15}$

$\widehat{ACB} \approx 28°$

EXERCICE RÉSOLU 1

Énoncé

Calculer la mesure de l'angle $\widehat{SCG}$, arrondie au degré, du triangle rectangle ci-contre.

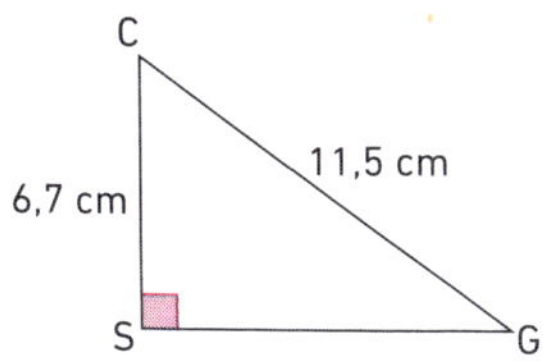

Résolution

Le triangle CSG est rectangle en S,

$\cos \widehat{SCG} = \dfrac{CS}{CG}$ donc $\cos \widehat{SCG} = \dfrac{6{,}7}{11{,}5}$.

Ainsi $\widehat{SCG} \approx 54°$.

L'angle $\widehat{SCG}$ mesure environ 54°.

EXERCICE RÉSOLU 2

Énoncé

Calculer la mesure de l'angle $\widehat{FM}$, arrondie au degré, du triangle rectangle ci-contre.

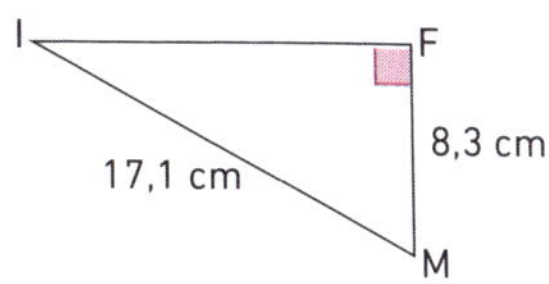

Résolution

Le triangle FMI est rectangle en F,

$\cos\widehat{FMI} = \dfrac{MF}{MI}$ donc $\cos\widehat{FMI} = \dfrac{8{,}3}{17{,}1}$. Ainsi $\widehat{FMI} \approx 61°$

L'angle $\widehat{FMI}$ mesure environ 61°.

EXERCICE RÉSOLU 3

Énoncé

Ce panneau routier indique une descente dont la pente est de 10 %. Cela signifie que pour un déplacement horizontal de 100 mètres, le dénivelé est de 10 mètres.

Le schéma ci-contre n'est pas à l'échelle.

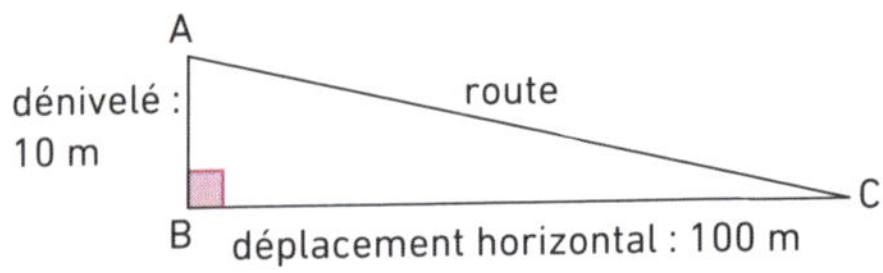

1. Déterminer la mesure de l'angle $\widehat{BCA}$ que fait la route avec l'horizontale. Arrondir la réponse au degré.

2. Dans certains pays, il arrive parfois que la pente d'une route ne soit pas donnée par un pourcentage, mais par une indication telle que « 1 : 5 », ce qui veut alors dire que pour un déplacement horizontal de 5 mètres, le dénivelé est de 1 mètre. Lequel des deux panneaux ci-dessous indique la pente la plus forte ?

Panneau A

Panneau B

Métropole, juin 2015

Résolution

1. Le triangle ABC est rectangle en A,

$\tan\widehat{BCA} = \dfrac{AB}{AC}$

$\tan\widehat{BCA} = \dfrac{10}{100}$

$\widehat{BCA} \approx 6°$

La mesure de l'angle que fait la route avec l'horizontale est 6°.

2. Le déplacement vertical est de 1 mètre pour un déplacement horizontal de 5 mètres donc le pourcentage de la pente est égal à $\dfrac{1}{5} \times 100 = 20$ %.

C'est donc le panneau B qui indique la pente la plus forte.

Translation et rotation

☐ À revoir
☐ OK

51

COURS

● Une translation transforme sans déformation une figure en la faisant glisser parallèlement à une droite, dans un sens et selon une longueur donnés.

Exemple 1 :

Ci-contre, la figure blanche est l'image de la figure grise par la translation qui transforme A en A'. Cette translation, effectuée parallèlement à la droite (AA') dans le sens de la flèche bleue et selon la longueur AA', transforme également B en B'.

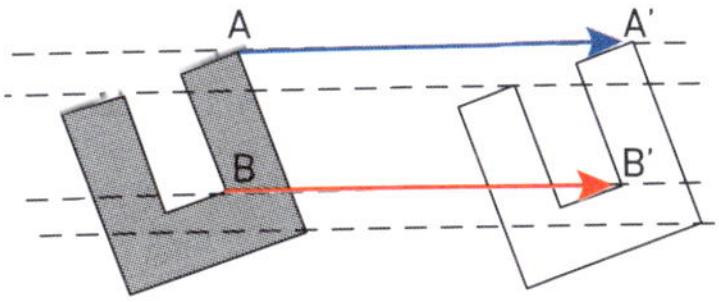

● Une rotation transforme sans déformation une figure en la faisant tourner autour d'un point, dans un sens et selon un angle donnés.

Exemple 2 :

Ci-contre, la figure blanche est l'image de la figure grise par la rotation de centre O et d'angle 60° dans le sens inverse des aiguilles d'une montre. Cette rotation transforme A en A' et B en B'.

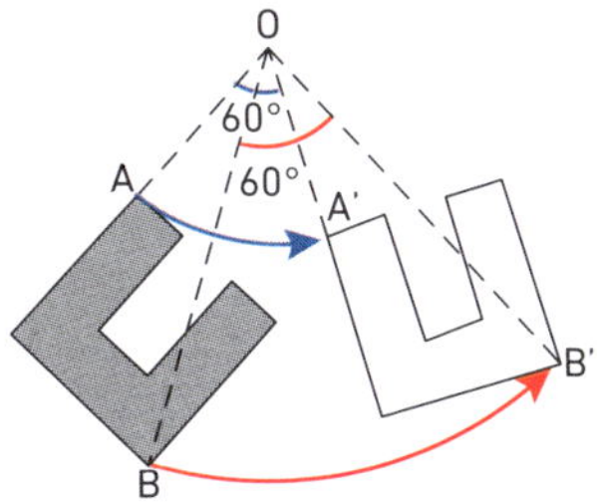

● Les translations et les rotations conversent les longueurs, les mesures des angles, l'alignement et les aires.

EXERCICE RÉSOLU 1

Énoncé

Dans chacun des cas suivants, dire si l'on passe du motif bleu au motif rouge par une translation ou une rotation dont on précisera l'angle.

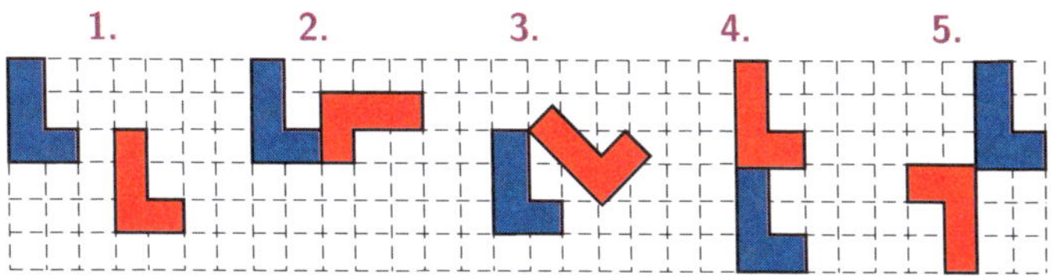

Résolution

1. Translation.
2. Rotation d'angle 90° dans le sens des aiguilles d'une montre.
3. Rotation d'angle 45° dans le sens inverse des aiguilles d'une montre.
4. Translation. 5. Rotation d'angle 180° (ou symétrie centrale).

EXERCICE RÉSOLU 2

Énoncé

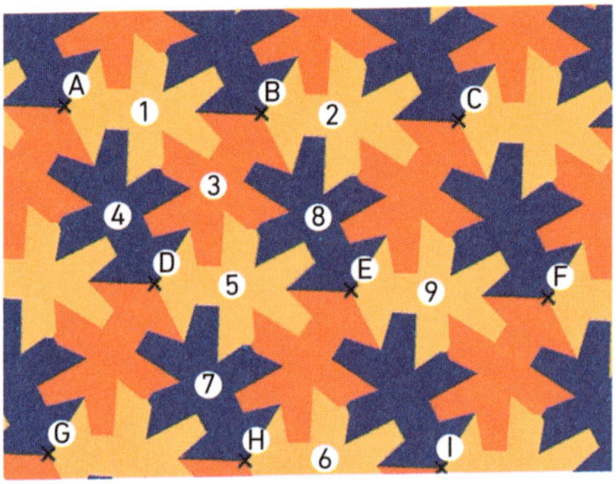

Sur le pavage ci-contre, parmi les motifs numérotés de 1 à 9, indiquer en quel motif est transformé :

1. Le motif 2 par :

a. la translation qui transforme B en E.

b. la rotation de centre B et d'angle 120° dans le sens des aiguilles d'une montre.

2. Le motif 7 par :

a. la translation qui transforme I en E.

b. par la rotation de centre D et d'angle 120° dans le sens inverse des aiguilles d'une montre

3. Le motif 1 par :

a. la translation qui transforme A en H.

b. par la rotation de centre B et d'angle 120° dans le sens inverse des aiguilles d'une montre.

Résolution

1. **a.** La translation qui transforme B en E transforme le motif 2 en le motif 9.

b. La rotation de centre B et d'angle 120° dans le sens des aiguilles d'une montre transforme le motif 2 en le motif 3.

2. **a.** La translation qui transforme I en E transforme H en D et le motif 7 en le motif 4.

b. La rotation de centre D et d'angle 120° dans le sens inverse des aiguilles d'une montre transforme le point H en le point B et le motif 7 en le motif 3.

3. **a.** La translation qui transforme A en H transforme le motif 1 en le motif 6.

b. Par la rotation de centre B et d'angle 120° dans le sens inverse des aiguilles d'une montre transforme le point A en le point E et le motif 1 en le motif 8.

Homothétie

À revoir
OK

52

COURS

- Une homothétie de centre O et de rapport k, où k est un nombre relatif non nul, transforme une figure en l'agrandissant ou en la réduisant à partir du point O :
– sans la retourner dans un rapport de k si $k > 0$.
– en la retournant dans un rapport de $-k$ si $k < 0$.

Exemples :

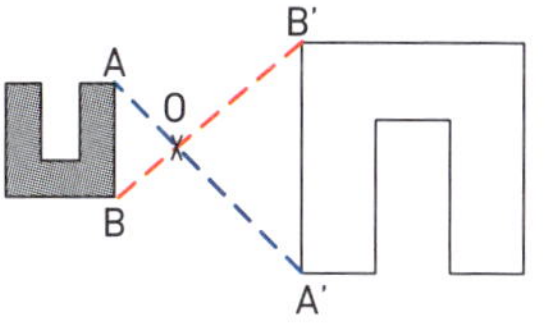

- Ci-contre, la figure blanche est l'image de la figure grise par l'homothétie de centre O et de rapport -2. Elle est retournée par rapport à la figure grise et ses longueurs sont celles de la figure grise multipliées par 2.

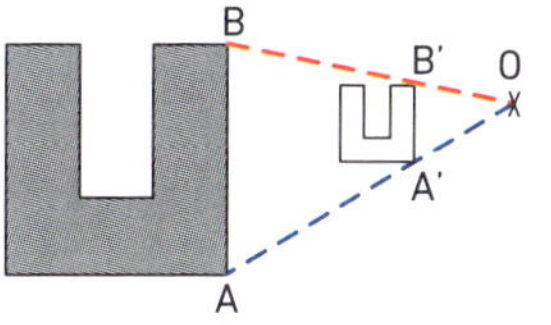

- Ci-contre, la figure blanche est l'image de la figure grise par l'homothétie de centre O et de rapport $\frac{1}{3}$. Elle n'est pas retournée par rapport à la figure grise et ses longueurs sont celles de la figure grise multipliées par $\frac{1}{3}$.

EXERCICE RÉSOLU 1

Énoncé

Dans chacun des cas suivants, le motif rouge est l'image du motif bleu par une homothétie. Préciser si le rapport k de l'homothétie est positif ou négatif puis si $k < -1$, si $-1 < k < 0$, si $0 < k < 1$ ou si $k > 1$.

Résolution

1. La figure rouge est retournée donc le rapport est négatif. Elle est plus petite que la figure bleue donc $-1 < k < 0$.

2. La figure rouge est retournée donc le rapport est négatif. Elle est plus grande que la figure bleue donc $k < -1$.

3. La figure rouge n'est pas retournée donc le rapport est positif. Elle est plus petite que la figure bleue donc $0 < k < 1$.

EXERCICE RÉSOLU 2

Énoncé

Dans chacun des cas suivants, une homothétie de centre O transforme le triangle OMN en le triangle OAB. En préciser le rapport.

1.

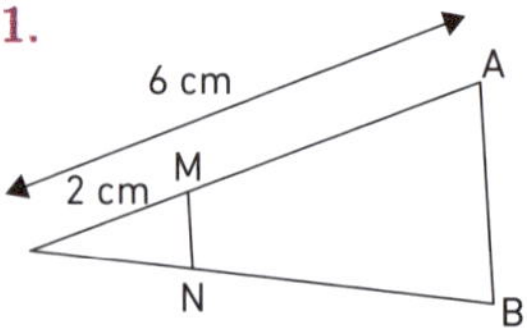

2.

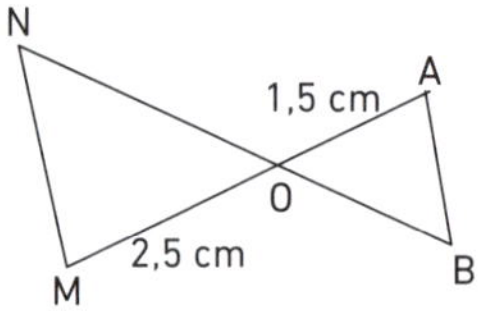

Résolution

1. Le triangle OMN n'est pas retourné par rapport au triangle AOB donc le rapport est positif. $\frac{OM}{OA} = \frac{1}{3}$ donc le rapport de l'homothétie est $\frac{1}{3}$.

2. Le triangle OMN est retourné par rapport au triangle AOB donc le rapport est négatif. $\frac{OM}{OA} = \frac{2,5}{1,5} = \frac{5}{3}$ donc le rapport de l'homothétie est $-\frac{5}{3}$.

EXERCICE RÉSOLU 3

Énoncé

1. Construire l'image du rectangle par l'homothétie de centre O et de rapport $\frac{2}{3}$.

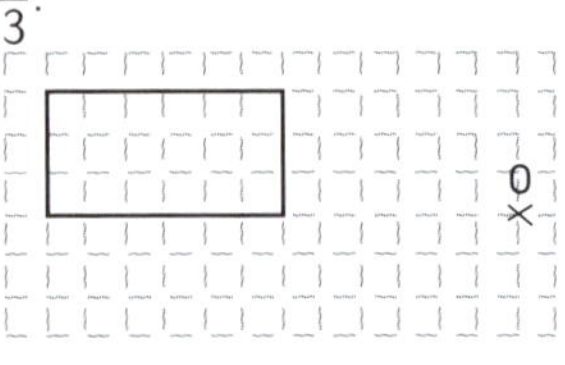

2. Construire l'image du triangle par l'homothétie de centre O et de rapport – 2.

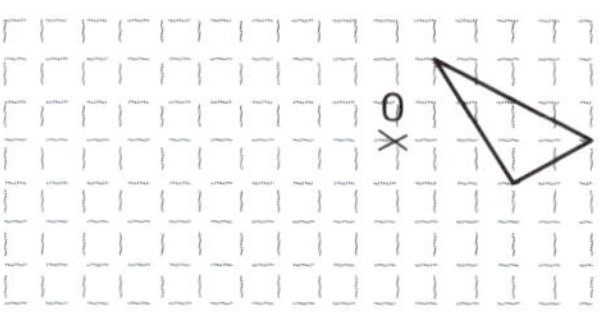

Résolution

1.

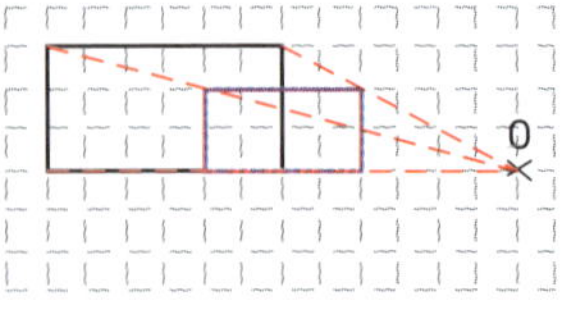

2.

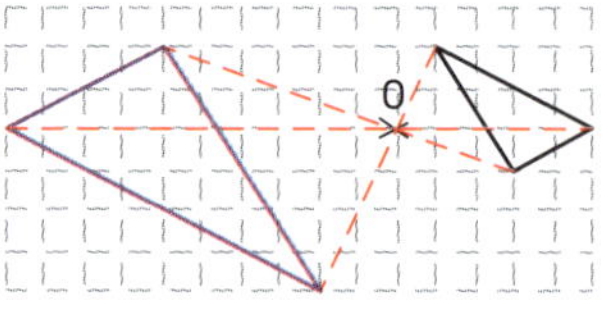

GÉOMÉTRIE

1 **ABC est un triangle rectangle en A tel que AB = 5,3 cm et BC = 7,6 cm. La longueur AC, arrondie au dixième de cm, est égale à :**

- ☐ **a.** 5,4 cm
- ☐ **b.** 9,3 cm
- ☐ **c.** 2,1 cm

2 **Parmi les triangles suivants, lequel n'est pas rectangle ?**

- ☐ **a.** ABC tel que AB = 10,4 cm, AC = 19,5 cm et BC = 22,1 cm.
- ☐ **b.** DEF tel que DE = 4,2 cm, DF = 6,7 cm et EF = 7,8 cm.
- ☐ **c.** GHI tel que GH = 2,7 cm, HI = 12 cm et GI = 12,3 cm.

3 **Sur la figure ci-contre, les droites (MN) et (PQ) sont parallèles. On peut affirmer que :**

- ☐ **a.** IM ≈ 7,9 cm et PQ ≈ 2,9 cm.
- ☐ **b.** IM ≈ 7,9 cm et PQ ≈ 5,6 cm.
- ☐ **c.** IM ≈ 4,1 cm et PQ ≈ 5,6 cm.

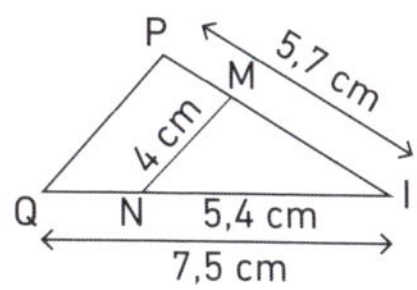

4 **Les longueurs sont données en cm. Sur la figure ci-contre, on peut affirmer que :**

- ☐ **a.** Les droites (AB) et (CD) sont parallèles.
- ☐ **b.** Les droites (AC) et (BD) sont parallèles.
- ☐ **c.** Les droites (AB) et (CD) ne sont pas parallèles.

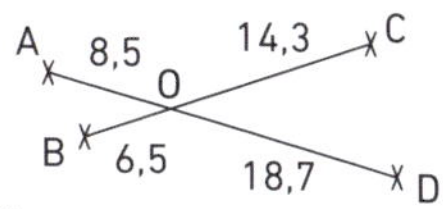

5 **ABC est un triangle rectangle en A tel que AB = 5,2 cm et AC = 7,8 cm. La mesure de l'angle $\widehat{ABC}$ arrondie au degré est :**

- ☐ **a.** 34°
- ☐ **b.** 42°
- ☐ **c.** 56°

6 **MNO est un triangle rectangle en M tel que MN = 5 cm et $\widehat{MON}$ = 37°. La longueur ON, arrondie au cm, est égale à :**

- ☐ **a.** 3,0 cm
- ☐ **b.** 6,3 cm
- ☐ **c.** 8,3 cm

7 **L'image d'un angle de 60° par une rotation d'angle 30° est un angle qui mesure :**

- ☐ **a.** 30°
- ☐ **b.** 60°
- ☐ **c.** 90°

8 **L'image d'un segment de longueur 5 cm par une homothétie de rapport – 2 est un segment de longueur :**

- ☐ **a.** – 10 cm
- ☐ **b.** 2,5 cm
- ☐ **c.** 10 cm

Corrigés au verso

Corrigés

1 > a. ABC est un triangle rectangle en A, donc, d'après le théorème de Pythagore :
$BC^2 = AB^2 + AC^2$
$7{,}6^2 = 5{,}3^2 + AC^2$
$57{,}76 = 28{,}09 + AC^2$
$AC^2 = 57{,}76 - 28{,}09 = 29{,}67$
$AC = \sqrt{29{,}67} \approx 5{,}4$

Voir **Fiche 44**

2 > b. $EF^2 = 60{,}84$ et $DE^2 + DF^2 = 4{,}2^2 + 6{,}7^2$
$= 17{,}64 + 44{,}89$
$= 62{,}53$
$EF^2 \neq DE^2 + DF^2$ donc le triangle DEF n'est pas rectangle.

Voir **Fiche 45**

3 > c. Les droites (PM) et (QN) sont sécantes en I et les droites (MN) et (PQ) sont parallèles donc, d'après le théorème de Thalès : $\frac{IM}{IP} = \frac{IN}{IQ} = \frac{MN}{PQ}$.
$\frac{IM}{5{,}7} = \frac{5{,}4}{7{,}5} = \frac{4}{PQ}$ donc $IM = \frac{5{,}7 \times 5{,}4}{7{,}5} \approx 4{,}1$ cm et $PQ = \frac{7{,}5 \times 4}{5{,}4} \approx 5{,}6$ cm.

Voir **Fiche 46**

4 > a. $\frac{OA}{OD} = \frac{8{,}5}{18{,}7} = \frac{5}{11}$ $\quad \frac{OB}{OC} = \frac{6{,}5}{14{,}3} = \frac{5}{11}$
Les droites (AD) et (BC) sont sécantes en O, les points A, O, D et B, O, C sont rangés dans le même ordre et $\frac{OA}{OD} = \frac{OB}{OC}$, donc, d'après la réciproque du théorème de Thalès, les droites (AB) et (CD) sont parallèles.

Voir **Fiche 47**

5 > a. Le triangle ABC est rectangle en A donc :
$\tan \widehat{ABC} = \frac{AB}{AC} = \frac{5{,}2}{7{,}8}$ donc $\widehat{ABC} \approx 24°$.

Voir **Fiche 49**

6 > c. Le triangle MNO est rectangle en M donc :
$\sin \widehat{MON} = \frac{NM}{NO}$ donc $\sin 37° = \frac{NM}{5}$ donc $NM = \frac{5}{\sin 37°} \approx 8{,}3$ cm.

Voir **Fiche 50**

7 > b. La rotation conserve la mesure des angles, donc l'image d'un angle de 60° par une rotation d'angle 30° est un angle qui mesure 60°.

Voir **Fiche 51**

8 > c. Le rapport de l'homothétie est – 2, donc les longueurs sont multipliées par 2.

Voir **Fiche 52**

Effets d'un agrandissement et d'une réduction sur les aires et les volumes

☐ À revoir
☐ OK

53

COURS

● Une figure $\mathscr{F}$ est un agrandissement ou une réduction d'une figure $\mathscr{F}'$ de même nature quand les longueurs de $\mathscr{F}$ sont proportionnelles aux longueurs de $\mathscr{F}'$.
Le coefficient de proportionnalité est appelé coefficient d'agrandissement ou de réduction.

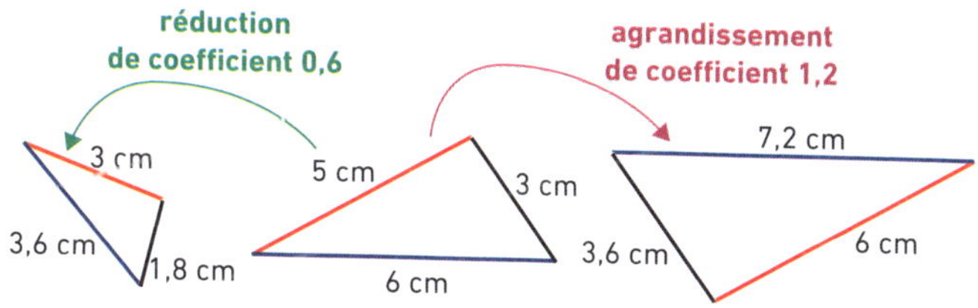

● Lors d'un agrandissement ou d'une réduction de coefficient k :
– les longueurs sont multipliées par k ;
– les aires des surfaces sont multipliées par k^2 ;
– les volumes des solides sont multipliés par k^3.

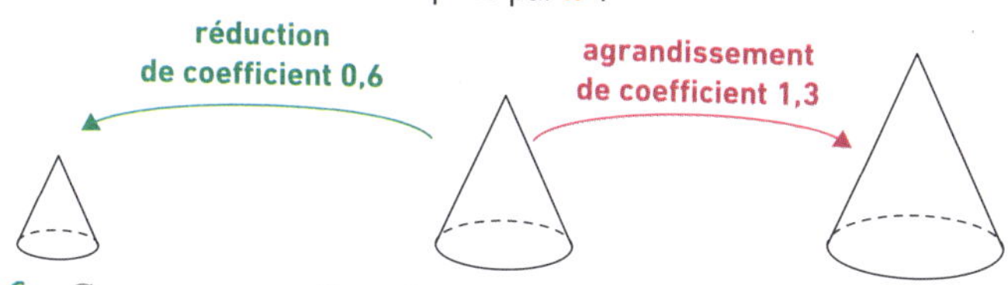

$0,6 \times \mathscr{P}$
$(0,6)^2 \times \mathscr{B}$
$(0,6)^3 \times \mathscr{V}$

$\mathscr{P}$: périmètre de la base
$\mathscr{B}$: aire de la base
$\mathscr{V}$: volume de la base

$1,3 \times \mathscr{P}$
$(1,3)^2 \times \mathscr{B}$
$(1,3)^3 \times \mathscr{V}$

EXERCICE RÉSOLU 1

Énoncé

Voici quelques ingrédients essentiels d'une pâtisserie dont la recette est donnée pour un plat rond de 20 cm de diamètre :
4 œufs, 160 g de sucre, 40 g de farine, 170 g de beurre, 20 cL de crème, 200 g de chocolat noir.
Quelles sont les quantités de chaque ingrédient qu'il faut prévoir si l'on veut réaliser ce gâteau sans changer son épaisseur pour un plat rond de 30 cm de diamètre ?

Résolution

Le diamètre du plat est multiplié par 1,5 car 1,5 × 20 = 30. Mais l'épaisseur du gâteau ne change pas. C'est donc uniquement l'aire du plat qu'il faut considérer et non le volume du gâteau. Ainsi, il faut multiplier la quantité de chaque ingrédient par $1{,}5^2 = 2{,}25$.

Il faut donc prévoir 4 × 2,25 = 9 œufs, 160 × 2,25 = 360 g de sucre,

40 × 2,25 = 90 g de farine, 170 × 2,25 = 382,5 g de beurre,

20 × 2,25 = 45 cL de crème et 200 × 2,25 = 450 g de chocolat noir.

EXERCICE RÉSOLU 2

Énoncé

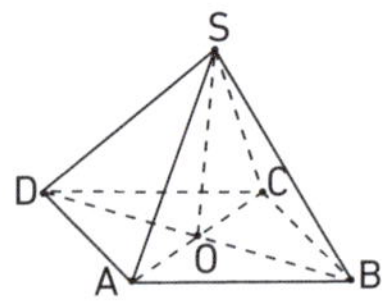

En visite à Paris, Paul admire la Pyramide, réalisée en verre feuilleté au centre de la cour intérieure du Louvre. Cette pyramide régulière a :

– pour base un carré ABCD de côté 35 mètres ;

– pour hauteur le segment [SO] de longueur 22 mètres.

Paul a tellement apprécié cette pyramide qu'il achète comme souvenir de sa visite une lampe à huile dont le réservoir en verre est une réduction à l'échelle $\frac{1}{500}$ de la vraie pyramide. Le mode d'emploi de la lampe précise que, une fois allumée, elle brûle 4 cm^3 d'huile par heure.

Au bout de combien de temps ne restera-t-il plus d'huile dans le réservoir ? Arrondir à l'unité d'heures.

D'après Centres étrangers, 2014

Résolution

$\mathcal{V}_{SABCD} = \frac{1}{3} \times AB^2 \times SO = \frac{1}{3} \times 35^2 \times 22 \approx 8\,983 \text{ m}^3.$

Le volume de la Pyramide du Louvre est environ égal à 8 983 m^3.

La réduction de Paul est à l'échelle $\frac{1}{500}$ donc le volume de sa pyramide est égal à celui de la Pyramide du Louvre multiplié par $\left(\frac{1}{500}\right)^3$.

$\left(\frac{1}{500}\right)^3 \times 8\,983 = 0{,}000071864 \text{ m}^3.$

$0{,}000071864 \text{ m}^3 = 0{,}071864 \text{ dm}^3 = 71{,}864 \text{ cm}^3.$

Le volume de la réduction de Paul est environ 71,864 cm^3.

$\frac{71{,}864}{4} = 17{,}966$

Il ne restera donc plus d'huile dans le réservoir au bout de 18 heures.

Grandeur produit et grandeur quotient

À revoir
OK

54

COURS

- Une grandeur produit est une grandeur obtenue en multipliant deux grandeurs.

Exemples :

grandeur 1	grandeur 2	grandeur produit	exemple d'unité
longueur	longueur	aire	$m \times m = m^2$
puissance	durée	énergie électrique	kW × h = kWh

- Une grandeur quotient est une grandeur obtenue en divisant deux grandeurs.

Exemples :

grandeur 1	grandeur 2	grandeur produit	exemple d'unité
volume de liquide	durée	débit	m^3/s
volume de carburant	distance parcourue	consommation moyenne	L/100 km

EXERCICE RÉSOLU 1

Énoncé

Un fournisseur d'accès à Internet propose une connexion avec un débit de 240 Mbit/s (Mégabit/seconde).
Sachant qu'un octet est formé de 8 bits, combien de temps faut-il pour télécharger un fichier de 2,1 Go avec une telle connexion ?

Résolution

240 Mbit/s = $\frac{240}{8}$ Mo/s = 30 Mo/s.

La connexion permet de télécharger 30 Mo par seconde.

2,1 Go = 2 100 Mo donc $\frac{2\,100}{30} = 70$ s.

Il faut 70 secondes pour télécharger un fichier de 2,1 Go avec une telle connexion.

EXERCICE RÉSOLU 2

Énoncé

Le barrage des Trois-Gorges, la plus grande centrale hydroélectrique au monde. Elle produit $9,88 \times 10^4$ GWh (Gigawatt-heure) d'énergie électrique par an.

La consommation annuelle moyenne d'électricité d'un Chinois en 2013 était de 3 760 kWh et la population chinoise était de 1,357 milliards d'habitants. Quel pourcentage de la consommation électrique des Chinois cette centrale assurait-elle ?

Résolution

$9,88 \times 10^4$ GWh = $9,88 \times 10^4 \times 10^6$ kWh = $9,88 \times 10^{10}$ kWh.

La centrale hydroélectrique des Trois-Gorges produit $9,88 \times 10^{10}$ kWh d'énergie électrique par an.

$\dfrac{9,88 \times 10^{10}}{3\,760} \approx 2,63 \times 10^7$. Cette centrale couvre les besoins en énergie électrique d'environ 26,3 millions d'habitants.

La population chinoise est d'environ 1,357 milliard d'habitants soit environ $1,357 \times 10^9$ habitants.

$\dfrac{2,63 \times 10^7}{1,357 \times 10^9} \times 100 \approx 1,94$. Cette centrale assure donc environ 1,94 % de la consommation électrique des Chinois.

EXERCICE RÉSOLU 3

Énoncé

Le fleuve Amazone est celui qui possède le débit moyen le plus important au monde. Il est d'environ 190 000 m^3/s.

En France, un foyer de 3 personnes consomme en moyenne 10 000 L d'eau par mois.

Donner un ordre de grandeur du nombre de ces foyers que pourrait alimenter ce fleuve en un an.

Amérique du Sud, novembre 2013

Résolution

$190\,000 \times 60 \times 60 \times 24 \times 365 = 5,991\,84 \times 10^{12}$ m^3.

En un an, $5,991\,84 \times 10^{12}$ m^3 d'eau s'écoulent par le fleuve Amazone.

10 000 L = 10 000 dm^3 = 10 m^3.

Un foyer de 3 personnes consomme en moyenne 10 m^3 par mois soit 120 m^3 par an.

$\dfrac{5,991\,84 \times 10^{12}}{120} \approx 4,9932 \times 10^{10} \approx 5 \times 10^{10} = 50\,000\,000\,000$

L'Amazone pourrait alimenter environ 50 milliards de foyer par an !

Vitesse moyenne

- À revoir
- OK

55

COURS

- La vitesse moyenne v sur un trajet est le quotient de la distance d parcourue par la durée t du trajet :

$$v = \frac{d}{t}$$

Exemple :

La vitesse moyenne en km/h d'une voiture ayant parcouru 320 km en 4 h est :

$$v = \frac{d}{t} = \frac{320}{4} = 80 \text{ km/h}$$

EXERCICE RÉSOLU 1

Énoncé

Saïd a couru le semi-marathon de Paris, long d'environ 21,1 km, en 1 h 36 min. Quelle a été sa vitesse moyenne sur cette course (arrondie au km/h) ?

Résolution

$1 \text{ h } 36 \text{ min} = 1 \text{ h} + \frac{36}{60} \text{ h} = 1 \text{ h} + 0{,}6 \text{ h} = 1{,}6 \text{ h}$

Saïd a couru pendant 1,6 h.

$v = \frac{d}{t} = \frac{21{,}1}{1{,}6} \approx 13{,}2 \text{ km/h}$

Saïd a couru à la vitesse moyenne de 13,2 km/h.

EXERCICE RÉSOLU 2

Énoncé

Lors d'un orage, Leïla voit, de la fenêtre de sa chambre, un éclair frapper le paratonnerre du clocher de l'église de son village et entend le tonnerre retentir 8 secondes plus tard. Sachant que la vitesse de propagation du son dans l'air est d'environ 340 m/s, à quelle distance, en mètres, se situe-t-elle de l'église ?

Résolution

$v = \frac{d}{t}$ donc $340 = \frac{d}{8}$. Ainsi, $d = 340 \times 8 = 2\ 720$ m.

Leïla habite donc à 2 720 m de l'église de son village.

EXERCICE RÉSOLU 3

Énoncé

Bertrand doit se rendre de Nantes à Bordeaux. Pour cela, il va devoir parcourir 312 km sur autoroute. Il estime pouvoir parcourir cette distance à la vitesse constante de 130 km/h grâce à son régulateur de vitesse.

La sécurité routière conseillant de prendre une pause de 15 minutes toutes les deux heures, combien de temps, en heures et minutes, va-t-il passer sur l'autoroute ?

Résolution

$v = \frac{d}{t}$ donc $130 = \frac{312}{t}$ donc $130t = 312$. Ainsi, $t = \frac{312}{130} = 2{,}4$.

Bertrand doit donc rouler pendant 2,4 heures.

2,4 h = 2 h + 0,4 h = 2 h + 0,4 × 60 min = 2 h 24 min

Bertrand va rouler plus de 2 heures. Il devra donc prendre une pause de 15 minutes. Ainsi, il passera 2 h 39 min sur l'autoroute.

EXERCICE RÉSOLU 4

Énoncé

Victor Hugo disait qu'en baie du Mont Saint-Michel, la mer emplissait l'estran « à la vitesse d'un cheval au galop ».

La plus grande vitesse observée de la marée en ce lieu est environ 1,7 m/s et un cheval au galop court en moyenne à 24 km/h. Est-ce que Victor Hugo exagérait ?

Résolution

1,7 m/s = 1,7 × 3 600 m/h = 6 120 m/h = 6,12 km/h.

La mer emplit donc l'estran beaucoup moins vite qu'un cheval au galop. Victor Hugo exagérait vraiment !

À noter

On peut aussi effectuer la conversion des vitesses en m/s.

$24 \text{ km/h} = 24\ 000 \text{ m/h} = \frac{24\,000}{3\,600} \text{ m/s} \approx 6{,}7 \text{ m/s}$

GRANDEURS ET MESURES

1 Lors d'un agrandissement de coefficient 2,5 d'une figure, son aire est multipliée par :

☐ a. 2,5 ☐ b. 6,25 ☐ c. 15,625

2 Lors d'une réduction de coefficient 0,5 d'un solide, son volume est multiplié par :

☐ a. 0,5 ☐ b. 0,25 ☐ c. 0,125

3 Suite à un agrandissement, une figure d'aire 4 cm^2 a été transformée en une figure d'aire 36 cm^2. Le coefficient d'agrandissement est :

☐ a. 9 ☐ b. 3 ☐ c. 32

4 Une ampoule LED a une puissance de 7 W. Si elle reste allumée pendant 3 h 30 min, sa consommation électrique est :

☐ a. 2 Wh ☐ b. 23,1 Wh ☐ c. 24,5 Wh

5 Une connexion internet permet de télécharger 34 Mo/s. Pour télécharger un fichier de 6,8 Go, il faut :

☐ a. 3 min 20 s ☐ b. 3 min 51 s ☐ c. 3 min 8 s

6 Un cycliste roule à 30 km/h de moyenne pendant 2 h 15 min. Il parcourt :

☐ a. 64,5 km ☐ b. 67,5 km ☐ c. 60 km

7 Un train parcourt 292,5 km en 1 h 30 min. Sa vitesse moyenne est :

☐ a. 380,25 km/h ☐ b. 195 km/h ☐ c. 225 km/h

8 Une vitesse de 18 km/h est égale à une vitesse de :

☐ a. 5 m/s ☐ b. 0,3 m/s ☐ c. 64,8 m/s

9 Une vitesse de 10 m/s est égale à une vitesse de :

☐ a. 10 km/h ☐ b. 2,7 km/h ☐ c. 36 km/h

Corrigés au verso

Corrigés

1 > b. Lors d'un agrandissement de coefficient 2,5, les longueurs sont multipliées par 2,5 et les aires par $2{,}5^2 = 6{,}25$.

Voir **Fiche 53**

2 > c. Lors d'une réduction de coefficient 0,5, les longueurs sont multipliées par 0,5, les aires par $0{,}5^2 = 0{,}25$ et les volumes par $0{,}5^3 = 0{,}125$.

Voir **Fiche 53**

3 > b. $\frac{36}{4} = 9 = 9$ donc les aires ont été multipliées par 9. Les longueurs ont donc été multipliées par $\sqrt{9} = 3$, donc le coefficient d'agrandissement est 3.

Voir **Fiche 53**

4 > c. $3\text{ h }30\text{ min} = 3\text{ h} + \frac{30}{60}\text{ h} = 3\text{ h} + 0{,}5\text{ h} = 3{,}5\text{ h}$.

$7\text{ W} \times 3{,}5\text{ h} = 24{,}5\text{ Wh}$, donc la consommation électrique de l'ampoule est 24,5 Wh.

Voir **Fiche 54**

5 > a. $6{,}8\text{ Go} = 6{,}8 \times 1\,000\text{ Mo} = 6\,800\text{ Mo}$.

$\frac{6\,800}{34} = 200$.

Il faut donc 200 s pour télécharger le fichier.

$200\text{ s} = 3 \times 60\text{ s} + 20\text{ s} = 3\text{ min }20\text{ s}$.

Pour télécharger un fichier de 6,8 Go, il faut donc 3 min 20 s.

Voir **Fiche 54**

6 > b. $2\text{ h }15\text{ min} = = 2\text{ h} + \frac{15}{60}\text{ h} = 2\text{ h} + 0{,}25\text{ h} = 2{,}25\text{ h}$.

$v = \frac{d}{t}$ donc $30 = \frac{d}{2{,}25}$ donc $d = 30 \times 2{,}25 = 67{,}5$.

Le cycliste a parcouru 67,5 km.

Voir **Fiche 55**

7 > b. $1\text{ h }30\text{ min} = 1\text{ h} + \frac{30}{60}\text{ h} = 1\text{ h} + 0{,}5\text{ h} = 1{,}5\text{ h}$.

$v = \frac{d}{t}$ donc $v = \frac{229{,}5}{1{,}5} = 195$.

Le train roule à la vitesse moyenne de 195 km/h.

Voir **Fiche 55**

8 > a. $18\text{ km/h} = 18\,000\text{ m/h} = \frac{18\,000}{3\,600}\text{ m/s} = 5\text{ m/s}$.

Voir **Fiche 55**

9 > c. $10\text{ m/s} = 10 \times 3\,600\text{ m/h} = 36\,000\text{ m/h} = \frac{36\,000}{1\,000}\text{ km/h} = 36\text{ km/h}$.

Voir **Fiche 55**